当代图形图像设计与表现丛书

U0154942

推开设计的一窗

——Photoshop

探索之旅

冯元章 秦学军 著

西南大学出版社

国家一级出版社 全国百佳图书出版单位

图书在版编目（CIP）数据

推开设计的门窗：Photoshop探索之旅 / 冯元章，
秦学军著. — 重庆：西南师范大学出版社， 2021.1（2022.12重印）
ISBN 978-7-5621-9938-0

Ⅰ.①推… Ⅱ.①冯… ②秦… Ⅲ.①图像处理软件
Ⅳ.①TP391.413

中国版本图书馆CIP数据核字（2019）第174176号

当代图形图像设计与表现丛书

主　　编：丁鸣　沈正中

推开设计的门窗——Photoshop探索之旅　冯元章　秦学军　著
TUIKAI SHEJI DE MENCHUANG——Photoshop TANSUO ZHI LÜ

责任编辑：鲁妍妍
整体设计：鲁妍妍

出版发行：西南大学出版社（原西南师范大学出版社）
地　　址：重庆市北碚区天生路2号　　　　邮政编码：400715
本社网址：http：//www.xdcbs.com　　　电　话：（023）68860895
网上书店：https：//xnsfdxcbs.tmall.com

经　　销：新华书店
排　　版：黄金红
印　　刷：重庆康豪彩印有限公司
幅面尺寸：185mm×260mm
印　　张：9.5
字　　数：300千字
版　　次：2021年1月　第1版
印　　次：2022年12月　第2次印刷
书　　号：ISBN 978-7-5621-9938-0
定　　价：59.00元

中国道家有句古话叫"授人以鱼，不如授之以渔"，说的是传授人以知识，不如传授给人学习的方法。道理其实很简单，鱼是目的，钓鱼是手段，一条鱼虽然能解一时之饥，但不能解长久之饥，想要永远都有鱼吃，就要学会钓鱼的方法。学习也是相同的道理，我们长期从事设计教育工作，拥有丰富的实践和教学经验，深深地明白想要学生做出优秀的设计作品，未来能有所成就，就必须改变过去传统的填鸭式教育。摆正位置，由授鱼者的角色转变为授渔者，激发学生学习的兴趣，教会学生设计的手段，使学生在以后的设计工作中能够自主学习，举一反三，灵活地运用设计软件，熟练掌握各项技能，这正是本套丛书编写的初衷。

随着信息时代的到来与互联网技术的快速发展，计算机软件的运用开始遍及社会生活的各个领域。尤其是在如今激烈的社会竞争中，大浪淘沙，不进则退。俗话说："一技傍身便可走天下"，但无论是在校学生，还是在职工作者，又或是设计爱好者，想要熟练掌握一个设计软件，都不是一蹴而就的，它是一个需要慢慢积累和实践的过程。所以，本丛书的意义就在于：为读者开启一盏明灯，指出一条通往终点的捷径。

本丛书有如下特色：

（一）本丛书立足于教育实践经验，融入国内外先进的设计教学理念，通过对以往学生问题的反思总结，侧重于实例实训，主要针对普通高校和高职等层次的学生。本丛书可作为大中专院校及各类培训班相关专业的教材，适合教师、学生作为实训教材使用。

（二）本丛书对于设计软件的基础工具不做过分的概念性阐述，而是将讲解的重心放在具体案例的分析和设计流程的解析上。深入浅出地将设计理念和设计技巧在具体的案例设计制图中传达给读者。

（三）本丛书图文并茂，编排合理，展示当今不同文化背景下的优秀实例作品，使读者在学习过程中与经典作品之美产生共鸣，接受艺术的熏陶。

（四）本丛书语言简洁生动，讲解过程细致，读者可以更直观深刻地理解工具命令的原理与操作技巧。在学习的过程中，完美地将设计理论知识与设计技能结合，自发地将软件操作技巧融入实践环节中去。

（五）本丛书与实践联系紧密，穿插了实际工作中的设计流程、设计规范，以及行业经验解读。为读者日后工作奠定扎实的技能基础，形成良好的专业素养。

感谢读者们阅读本丛书，衷心地希望你们通过学习本丛书，可以完美地掌握软件的运用思维和技巧，助力你们的设计学习和工作，做出引发热烈反响和广泛赞誉的优秀作品。

前言
FOREWORD

一直以来，在图像处理领域使用Photoshop的用户数都是最多的，但真正能较全面地掌握并在生活工作中熟练运用Photoshop的人相对较少。本书在介绍Photoshop软件基础知识的同时融入了操作实例，并贯穿全书，在融合相关知识点的基础上，突出实用性，这也是本书的最显著的特点。我们在注重基础的同时通过案例加深印象，让Photoshop学习起来有趣而容易上手，使读者弄清"为什么要那样做"，从而在实际操作中能够举一反三。

本书共12章，在每一章内容的开始都有"本章导读"和"精彩看点"，对每个章节的知识点都尽量做到条理化，同时再配合实际案例，力求为读者学习Photoshop打下坚实的基础。不论是小的工具应用还是大的操作命令，读者都可以根据需要从中找到相关的案例，可以满足初学和具有一定基础的读者学习参考需要。

本书的初衷就是让基础理论和实际应用能更好地结合，让读者既能简单地学习应用又能牢固地掌握操作方法。

编者

2019年2月

目录
CONTENTS

目录
CONTENTS

目录
CONTENTS

第一章
Photoshop 的基础知识

本章导读

Adobe Photoshop，简称"PS"，是由 Adobe Systems 开发和发行的图像处理软件。Photoshop 主要用来处理像素所构成的数字图像。目前，Photoshop 广泛应用于平面设计、网页设计、影视多媒体设计等诸多领域。

本章主要从 Photoshop 的诞生与发展历史以及应用领域开始介绍，对 Photoshop 中涉及的像素图和矢量图、图层、通道、路径、形状、动作和滤镜等基本知识结构进行简单概括，也对图像的色彩模式和图像的格式进行了分类说明。

精彩看点
- 图层
- 图像的色彩模式
- 通道
- 图像的格式

第一节 Photoshop 简介

图 1-1

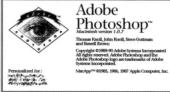
图 1-2

一、Photoshop 的诞生与发展

Adobe 公司是世界上第二大桌面软件公司，市值仅次于微软，凭借其众多的软件和高超的技术在数字媒体艺术领域一直处于垄断和领先位置，在包含广告媒体、网页设计、广告传媒、影视后期、动画、印刷、移动互联网等领域应用非常广泛，而 Photoshop 正是 Adobe 公司软件群中的重要一员。（图 1-1）

1987 年秋，Thomes Knoll，一名攻读博士学位的研究生，为了使黑白位图监视器上能够显示灰阶图像，一直尝试编写一个程序。Knoll 在家里用苹果计算机编写这个编码纯粹是为了娱乐，认为它并没有很大的价值。后来

一次偶然的演示，他采纳了一个人的建议，把这个软件命名为 Photoshop，第一个版本命名为 Photoshop 0.87。从此，Photoshop 正式成为这个软件的名称（图 1-2）。

Adobe Photoshop，简称"PS"，是由 Adobe Systems 开发和发行的图像处理软件。Photoshop 主要用于处理以像素所构成的数字图

图1-3　　　　　　　图1-4

图1-5　　　　　　　图1-6

像。使用其众多的编修与绘图工具，可以有效地进行图片编辑工作。Photoshop 的诸多功能在图像、图形、文字、视频、出版等方面都能起到不可替代的作用，目前，Photoshop 广泛应用于平面设计、网页设计、影视多媒体设计等诸多领域。（图1-3）

2003 年，Adobe Photoshop 8.0 被更名为 Adobe Photoshop CS。直至 2012 年 4 月 26 日 Adobe 正式宣布了新一代面向平面设计、网络和视频领域的终极专业套装 "Creative Suite 6"（简称 CS6），它包含了四大套装和十四个独立程序，其中包含 Phtoshop CS6，如图1-4、图1-5 所示。

2013 年 7 月，Adobe 公司推出了新版本的 Photoshop CC，自此 Photoshop CS6 作为 Adobe CS 系列的最后一个版本被 CC 系列取代，如图1-6 所示。

二、Photoshop 应用领域

（一）专业测评

Photoshop 的优势在于图像处理，而不是图形创作。图像处理是对位图图像进行编辑加工以及制作一些特殊效果，其重点在于对图像的处理加工；图形创作软件是按照自己的构思创意使用矢量图形等来设计图形。

（二）平面设计

无论是图书封面，还是招贴，这些平面印刷品通常都需要使用 Photoshop 软件对图像进行处理。

（三）广告摄影

广告摄影对视觉要求非常严格，其最终成品往往要使用 Photoshop 进行修改才能得到满意的效果。

（四）影像创意

通过 Photoshop 可以将不同的对象组合在一起，使图像发生变化。

（五）网页制作

网络的普及促使更多人去学习 Photoshop，因为在网页设计领域 Photoshop 是必不可少的制作软件。

（六）后期修饰

在制作建筑效果图，如三维场景、人物与配景，包括修改场景的颜色时，常常需要使用 Photoshop。

（七）视觉创意

视觉创意与设计是设计艺术的一个分支，此类设计通常没有非常明显的商业目的，但由于它为广大设计爱好者提供了广阔的设计空间，因此越来越多的设计爱好者开始学习 Photoshop，进行具有个人特色与风格的视觉创意。

（八）界面设计

界面设计是一个新兴的领域，近年来受到越来越多的软件企业及开发者的重视。当前还没有专业的用于界面设计的软件，因此绝大多数设计者都是使用 Photoshop。

第二节 Photoshop 基本知识结构

一、像素图和矢量图

像素图又称点阵图、位图或者是光栅图，是由点（一个点就是一个像素）构成的，如同用马赛克去拼贴图案一样，每个马赛克就是一个点，若干个点以矩阵排列成图案。一般情况下，这种图片看不到像素点，但是当你把图像放到最大时便可以看到其中的小颗粒，即像素颗粒。每个像素颗粒由其位置与颜色值表示，能表现出非常精细的色调变化。Photoshop 主要处理以像素所构成的数字图像，对图像的分辨率有一定的要求，如图 1-7 所示。

图 1-8

图 1-7

所谓图像分辨率，即单位面积内像素的多少。一般情况下，分辨率越高，像素越多，图像的信息量越大，图像越清晰。其单位一般为 PPI（Pixels Per Inch），如 300PPI（像素/英寸）表示该图像每平方英寸含有 300×300 个像素。

与像素图相对的是矢量图。矢量图的内容是由数学方式描述的曲线组成，其基本组成单元为锚点和路径。可以无限放大，不管放大多少倍图形都不会失真，即精度不变。主要的矢量图形绘制软件有 Coreldraw、Illustrator、FreeHand 等，如图 1-8 所示。

二、图层

Photoshop 中的图层就像一张透明的纸，在透明纸上描绘，被描绘的部分叫不透明区，没被描绘的部分叫透明区，通过透明区可以看到下一层的内容。把图层按顺序叠加在一起就组成了完整的图像。同时图层可以精确定位页面上的元素。并且还可以在图层上插入文本、图片、表格等，也可以在图层上增加蒙版，如图 1-9、图 1-10 所示。

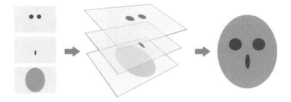

图 1-9

图 1-10

三、通道

通道是用来存放图像信息的。Photoshop 将图像的原色信息分开保存，我们把保存这些原色信息的数据带称为"颜色通道"，如图 1-11 所示。

图 1-11

通道有很多种，其中常用的有颜色通道、Alpha 通道、专色通道、复合通道等。颜色通道用来存放图像的原色信息，Alpha 通道用来存放计算图像的选区，专色通道用来打印专色。

通道将不同色彩模式图像的原色信息分开保存在不同的颜色通道中，以便对各颜色通道进行编辑，来修补和改善图像的颜色色调（RGB 模式的图像由红、绿、蓝三原色组成，那么就有三个颜色通道，这三个颜色通道再共同组成一个 RGB 复合通道）。也可将图像中的局部区域的选区存储在 Alpha 通道中，以方便随时对该区域进行编辑。

四、路径

"路径"（Paths）是 Photoshop 中的重要功能，其主要用于进行光滑图像区域选择及辅助抠图、绘制光滑线条、定义画笔等工具的绘制轨迹、输出输入路径及与选择区域之间进行转换。在辅助抠图上他能体现出精确的可编辑性，具有特有的光滑曲率属性，如图 1-12 所示。

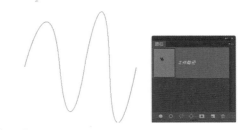

图 1-12

五、形状图层

从技术上讲，形状图层是带图层剪贴路径的填充图层；填充图层定义形状的颜色，而图层剪贴路径定义形状的几何轮廓。

可以直接使用形状工具创建形状，也可以使用钢笔工具创建形状。因为形状存在于一个图层中，可以改变形状的内容，当前的前景色可自动填充形状颜色。通过选择颜色色板可将其更改为其他颜色。渐变色及图案，如图 1-13 所示。

图 1-13

六、动作

所谓"动作"，实际上是由自定义的操作步骤组成的批处理命令，它会根据用户定义将操作步骤逐一显示在动作浮动面板中，这个过程也称为"录制"。以后需要对图像进行此操作时，只需找到该动作，按一下【播放】按钮即可，如图 1-14 所示。

图 1-14

七、滤镜

滤镜是图像处理软件所特有的，主要是为了适应复杂的图像处理需求而开发的。滤镜是一种植入 Photoshop 的外挂功能模块，也可以说它是一种开放式的程序，它是专为众多图像处理软件进行图像特殊效果处理、制作而设计的系统处理接口。目前 Photoshop 自带的滤镜（系统滤镜）有近百种之多，另外还有第三厂商开发的滤镜，可以以插件的方式挂接到 Photoshop 中；当然，用户还可以使用 Photoshop Fiter SDK 来自行开发滤镜。我们把 Photoshop 内部自带的滤镜叫作内部滤镜，把第三厂商开发的滤镜叫作外挂滤镜，如图 1-15 所示。

图 1-15

八、图像的色彩模式

色彩模式是数字图像中表示颜色的一种算法。在数字世界中，为了区分各种颜色，通常

将颜色划分为若干分量，即 0~255 范围内的强度值。由于成色原理的不同，使显示器、投影仪、扫描仪等靠色光直接合成颜色的设备与打印机、印刷机等靠使用颜料的印刷设备在生成颜色方式上有了明显的区别。Photoshop 中色彩模式有 RGB、CMYK、HSB、Lab、索引颜色、灰度及位图模式等。

（一）RGB 色彩模式，又叫加色模式，是屏幕显示的最佳颜色，由红、绿、蓝三种颜色组成，每一种颜色有 0 ~ 255 级的亮度变化，如图 1-16 所示。

（二）CMYK 色彩模式，又叫减色模式，由青、品红、黄和黑组成。一般打印输出及印刷都选用这种模式，如图 1-17 所示。

（三）HSB 色彩模式，是将色彩分解为色相、饱和度及亮度，通过调节色相、饱和度及亮度对图像进行调整，如图 1-18、图 1-19 所示。

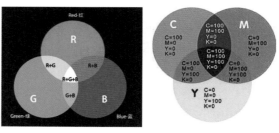

图 1-16　　　　图 1-17

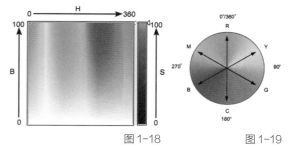

图 1-18　　　　图 1-19

（四）Lab 色彩模式：这种模式通过亮度分量 L 和颜色分量 a 与 b 来表示颜色。它主要用于调整图像色调的明暗。一般 RGB 色彩模式转换成 CMYK 色彩模式时需先经过 Lab 的转换，

图1-20

如图 1-20 所示。

（五）索引颜色，是位图图像的一种编码方法，需要基于 RGB、CMYK 等更基本的颜色编码方法。可以通过限制图像中的颜色总数的方法实现有损压缩，它最多包含 256 种颜色的颜色表储存并索引其所用的颜色，索引颜色图像质量不高，占内存较少。

（六）灰度模式，用单一色调表现图像，一个像素的颜色用八位二进制来表示，一共可表现 256 阶（色阶）的灰色调（含黑和白），也就是 256 种明度的灰色。即只用黑色过渡到白色显示图像，像素 0 为黑色，像素 255 为白色。

（七）位图模式，每个像素只使用黑白两种颜色中的一种，从而占磁盘空间最小。要将一幅彩色图像转换成黑白位图模式时，必须先将图像转换成灰度模式。

九、图像的格式

图像的格式是指图像文件的存储格式，不同的图像文件格式代表着不同的图像信息和编码压缩方式，下面列举几种常用的图像文件格式。

（一）PSD 格式：PSD 格式是 Photoshop 专用的文件格式，也是唯一可以存储所有 Photoshop 特有的图像信息以及色彩模式等的一种文件格式，用这种格式存储的图像清晰度高，而且能很好地保留图像制作过程中的各种图层、通道以及路径，以方便后期修改。

（二）BMP 格式：BMP 格式是微软公司 Windows 的图像格式，这种文件格式保真度非常高，可以轻松地处理 24 位颜色的图像。但它的缺点是不能对文件大小进行有效压缩，BMP 格式的文件比较大。

（三）JPEG 格式：JPEG 格式是一种高效的图像压缩文件格式，也是有损的压缩，压缩程度在图像质量的可接受范围内，因此 JPEG 格式图像不适用于印刷，但它的兼容性很强，而且跨平台性好，所以应用范围也很广。

（四）GIF 格式：GIF 格式多用于网页设计，支持 256 种颜色和灰度图像，支持多平台，文件容量小，很适合网络传输。GIF 格式文件多以动画形式出现，是因为一个 GIF 格式文件可以存储多个映像画面。GIF 格式的图像质量没有 JPEG 格式图像质量好。

（五）EPS 格式：该格式是 Adobe 公司开发的一种应用非常广泛的 POSTSCRIPT 格式，常用于绘图或排版。

（六）PDF 格式：PDF 全称 Portable Document Format，译为"便携式文档格式"，是一种电子文件格式。这种文件格式与操作系统平台无关，也就是说，PDF 文件不管是在 Windows、Unix 还是在 Mac OS 操作系统中都可以使用。这一性能使它成为能够在 Internet 上进行电子文档发行和数字化信息传播的理想文档格式。越来越多的电子图书、产品说明、公司文案、网络资料、电子邮件开始使用 PDF 文件格式。

（七）TIFF 格式：采用 LZW 的压缩算法，是一种无损压缩格式，多应用于印刷行业。

第三节 文件的基本操作

一、打开文件

（一）打开图像文件的三种方式

1. 执行【文件—打开】命令，在弹出的对话框中选择要打开的图像文件，然后单击【打开】按钮，即可打开文件，如图 1-21 所示。

图 1-21

2. 按下【Ctrl+O】键，或者双击 Photoshop 操作界面的空白区域，在弹出的对话框中选择要打开的图像文件，然后单击【打开】按钮，即可打开文件，如图 1-22 所示。

图 1-22

3. 打开图片文件夹，用鼠标框选一张或几张图像将其拖曳到 Photoshop 操作界面的空白区域，也可以按下【Ctrl】键，点击鼠标左键加选

文件夹中不同位置的图像，把选择好的图像拖曳到 Photoshop 操作界面的空白区域打开图像；还可以在选择好的图像文件上点击鼠标右键，在弹出的菜单中选择打开方式。Photoshop 中没有打开的文件时，拖进图像文件后，在图 1-23 中所示位置释放鼠标就可以打开。

Photoshop 中有打开的文件时，拖进图像文件后释放鼠标的位置如果在已经打开的图像文件上面，那么执行的命令就不是【打开】，而是【置入】。（图 1-24）

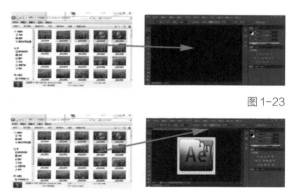

图 1-23

图 1-24

（二）安装 Adobe bridge 软件

建议安装 Adobe bridge 软件，可以对图像文件进行浏览和智能化地选择编辑软件进行编辑。需要对图像文件进行编辑时，直接在 Adobe bridge 软件所显示的图像文件上双击鼠标左键，如果该图像文件是 JPEG、PSD、GIF、TIFF 等格式，Adobe bridge 会自动使用 Photoshop 打开。查看的图像文件是如 AI、CDR 等矢量图格式时，它会自动启动 Illustrator 软件打开图像文件，如图 1-25 所示。

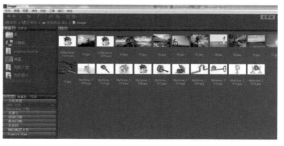

图 1-25

（三）编辑文件的恢复

在编辑图片的过程中，如果想将图片恢复到最初打开时的状态，而此时历史记录已经不能一步一步地撤销回去了（正常情况下历史记录只能记录 20 个操作步骤，当然也可以设置保留更多的操作步骤，但保留的操作步骤越多占用的内存就越大），这时只需要按下快捷键【F12】，即可执行恢复命令。

二、保存文件

（一）直接保存图像文件

保存当前操作的图像文件，执行【文件—存储】命令，或按下【Ctrl+S】键，则该图像文件就会存储为编辑后的状态。

（二）另存为图像文件

如果要将图像文件以不同格式、不同位置、不同名称或不同存储"路径"进行保存备份，可以执行【文件—存储为】命令，或按下【Shift+Ctrl+S】键，在弹出的【存储为】对话框中根据需要更改选项并保存，如图 1-26 所示。

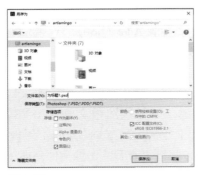

图 1-26

（三）存储为 Web 所用格式

存储为 Web 所用格式是网页设计专用的图像保存格式，用 Photoshop 制作 GIF 格式动画，必须存储为这种格式才可以显示出动态效果（直接存储 GIF 格式是不会显示动态效果的）。执行【文件—存储为 Web 所用格式】，或按下【Alt+Shift+Ctrl+S】键，在弹出的如图 1-27 所

图 1-27

示的对话框中设置参数。为了方便网络应用，选择【优化】选项，在【优化】菜单中可以有效地控制图像文件大小。最后，经过切片后，以这种方式保存为 HTML。

三、新建文件

（一）【新建】对话框

执行【文件—新建】命令，或按下【Ctrl+N】键，弹出如图 1-28 所示的对话框。在【新建】对话框中设置文件的宽度、高度、分辨率、颜色模式、背景内容等参数，单击【确定】按钮，即可新建文件。

图 1-28

（二）新建对话框参数设置

1. 预设

预设下拉列表中已经预设好了常用尺寸，如图 1-29 所示。

2. 宽度、高度、分辨率

在对应的数值框中输入数值可以设置新建文件的宽度、高度和分辨率。数值框右侧下拉列表中可设置数值单位。如果图像文件用于印

图 1-29

刷，分辨率应设置为 300 像素 / 英寸；若图像文件要用于海报、灯箱广告，则分辨率应设置为 72 ~ 100 像素 / 英寸；若图像文件用于高清单帧视频，则设置宽度和高度为相应像素尺寸（1920×1080），分辨率应设置为 72 像素 / 英寸，如图 1-30 所示。

图 1-30

3. 颜色模式

在颜色模式的下拉列表中选择颜色模式，常用的颜色模式为 RGB 和 CMYK。在颜色模式右侧选项框的下拉列表中可以选择位深度，以确定选择颜色的最大数量。

位深度：在记录数字图像的颜色时，计算机实际上是用每个像素需要的位深度来表示的。黑白两色的图像是数字图像中最简单的一种，它只有黑、白两种颜色，也就是说它的每个像素只有 1 位颜色，位深度是 1，用 2 的 1 次幂来表示；8 位颜色的图，位深度就是 8，用 2 的 8 次幂表示，它含有 256 种颜色（或 256 种灰度等级）；24 位颜色可称之为真彩色，位深度是 24，它能组合成 2^{24} 颜色，即 16777216 种颜色（或称千万种颜色），超过了人肉眼能够分辨的颜色数量。当我们用 24 位来记录颜色时，实际上是以 $2^{8\times3}$，即红、绿、蓝（RGB）三基色各 $2^8 = 256$ 种颜色而表示的，三色组合就形成 1600 多万种颜色，一般人眼很难分辨出 1/256 的灰阶变化，基本区别不了 8 位以上的颜色。

位深度	颜色数量	颜色模式
1 bit	2^1=2 色	位图
8 bit	2^8=256 色	灰度、索引、双色调、RGB、CMYK
24 bit	$2^8*2^8*2^8$=16777216 色	RGB、灰度

第二章
软件界面和常用操作

本章导读

　　本章主要学习 Photoshop 的界面、基本概念和基本操作方法，包括软件界面、图像文件及图像浏览的基本操作，同时介绍了图像文件的颜色设置、选区工具、套索工具、自由变换图像工具、魔棒和快速选择工具、裁剪工具等常用命令的使用。这些知识是 Photoshop 软件操作基础要求必须掌握的重要内容。

精彩看点

- 软件界面基本操作
- 图像文件的颜色设置
- 羽化、套索工具的基础运用
- 图像的自由变换
- 魔棒和快速选择
- 精确图像裁剪

第一节 软件界面

学习素材

　　对于刚接触 Photoshop 软件的学生来说，首次打开软件会有点找不到头绪，不知从何处下手。因此，我们学习 Photoshop 的首要任务就是要让学生了解软件的界面的组成部分和基本功能，并在此基础上进行简单的图像操作。本书以 Photoshop CS6 为教学软件。

　　正确安装 Photoshop CS6 软件后，单击 Windows 桌面任务栏上的【开始】按钮，在弹出的【开始】菜单中选择【所有程序—Adobe Photoshop CS6】命令启动该软件。

　　打开 Photoshop CS6 后，导入一幅图像，可以看到 Photoshop CS6 采用了全新的界面样式，图像处理区域更加开阔，文档切换变得更灵活。Photoshop CS6 的操作界面按功能进行划

图 2-1

分，主要有菜单栏、标题栏、工具面板、工具选项栏、面板组、图像窗口和状态栏七大部分，如图 2-1 所示。

一、菜单栏

菜单栏位于软件界面的最上方，有【文件】、【编辑】、【图像】、【图层】、【文字】、【选择】、【滤镜】、【视图】、【窗口】和【帮助】10个菜单，包含了 Photoshop 软件所有的操作命令，主要通过执行菜单栏中的子命令进行操作，同时几乎每个命令后面都标注着该命令对应的快捷键。

菜单栏中一部分命令的后面有省略号，表示执行此命令后会弹出对话框；一部分命令后面有向右的黑色三角形，表示此命令还有下一级菜单；还有一部分命令显示为灰色，表示当前命令不能操作，只有满足一定的条件才可以使用。

二、标题栏

标题栏位于软件界面工具栏下方，显示了文档名称、文件格式、窗口缩放比例和颜色模式等信息。如果文档中包含多个图层，标题栏中还会显示当前操作图层的名称。打开多幅图像时，图像窗口以选项卡的形式显示，单击一个图像文件的名称，即可将其设置为当前操作的窗口。用户也可以通过按下【Ctrl+Tab】组合键正向切换窗口，或者按下【Ctrl+Shift+Tab】组合键反向切换窗口。

三、【工具】面板

【工具】面板默认位于界面左侧，单击【工具】面板上方的双箭头，可以使【工具】面板在单列和双列间切换，其中包含了图像绘制和图像处理的各类工具。将鼠标移动至各个工具按钮处可查看工具名称。有的工具按钮右下角带有黑色小三角形，说明隐藏着其他同类型工具。如果选择了隐藏的工具，则该工具按钮图标将切换为当前工具按钮图标。工具箱转换状态及隐藏的工具按钮如图 2-2 所示。

Photoshop工具分类

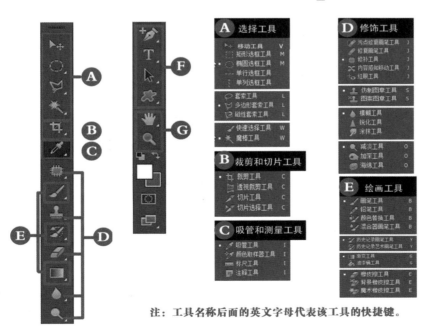

注：工具名称后面的英文字母代表该工具的快捷键。

图 2-2

四、工具选项栏

工具选项栏位于菜单栏下方，其功能是显示工具面板中被选中工具的相关参数和选项，以便对其进行设置，它会随着切换工具而变换内容。

五、面板组

面板组是 Photoshop 软件最常用的控制区域，几乎包含了所有操作命令与调节选项，使用过程中可以监视我们的每一步操作。Photoshop CS6 共有 23 种面板，利用这些面板可以对图层、通道、工具、色彩等进行管理与设置。可以通过在【窗口】下拉菜单中选择显示或隐藏所有面板。

六、状态栏

状态栏位于工作界面或图像编辑窗口的左下方，显示当前图像的状态及操作命令、使用工具等相关信息。其中最左侧的数值显示当前图像的缩放百分比，用户可以通过直接修改该数值来改变图像的显示比例。

上面介绍的是 Photoshop CS6 的默认界面。为了操作方便，用户可以对界面各部分的位置进行调整，需要时还可以将【工具】面板、选项栏和其他面板进行隐藏。将鼠标移动到【工具】面板、选项栏、其他面板或图像窗口最上方的标题栏上，拖曳鼠标可以移动它们的位置。点击菜单栏中的【窗口】，在弹出的下拉菜单中选择相应的面板，对其进行显示或隐藏。按下【Tab】键，可以同时显示或隐藏【工具】面板、选项栏和所有面板；执行【窗口—工作区—基本功能】命令，可以使界面恢复到默认状态。

第二节 颜色调板

在 Photoshop CS6 的工具箱中有两个大的颜色色块，分别是前景色和背景色，位于工具箱的最底部，如图 2-3 所示。前景色相当于绘画用的颜料或画笔的颜色，当选择【画笔】或【铅笔】工具时，笔触的颜色都是前景色，背景色相当于画布的颜色。

默认情况下，前景色和背景色分别为黑色和白色，单击如图 2-3 所示右上角的箭头可以对其进行切换。Photoshop CS6 提供了多种设置和选取颜色的方式，下面分别介绍设置前景色和背景色的方法。

一、拾色器

用鼠标点击前景色（背景色）图标，弹出如图 2-4 所示拾色器对话框。对话框左侧的正方形色块被称为色域，单击色域的任意位置，对话框的右侧会显示所点击区域的颜色；并且右下角也会显示出相对应的各种颜色模式下的数值，包括 HSB、Lab、RGB 和 CMYK 颜色模式，用户也可以直接输入所需颜色的数值。

图 2-3　　　　图 2-4

二、颜色面板

选择菜单栏中的【窗口—颜色】选项，即可打开【颜色】面板，如图2-5所示。【颜色】面板的左上角有两个色块，表示前景色和背景色。色块上的黑框表示被选中状态，所有的操作只对选中的色块有效。单击面板右上角的三角形按钮，在弹出的下拉列表中的选择不同的色彩模式，如图2-6所示。不同的色彩模式的滑块内容也不同，可以通过拖曳三角形滑块或输入数值来设置相应参数。单击面板中的前景色或背景色也可以调出【拾色器】对话框。

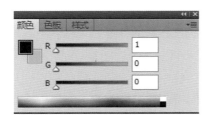

图2-5

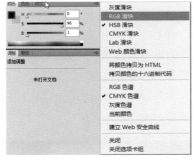

图2-6

用户可以根据不同需要在弹出的菜单中调整【颜色】面板下方的颜色条样式。当鼠标移至【颜色】面板下方的颜色条上时，光标就会变成一个吸管，用户可以用吸管吸取颜色来改变前景色或背景色，如图2-7所示。当选取的颜色无法在印刷中实现时，【颜色】面板中会出现一个带感叹号的三角图标，如图2-8所示，此时右边会出现可以替代的颜色色块，不过一般替换的颜色都比较暗。

图2-7

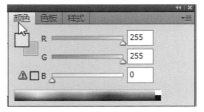

图2-8

三、色板面板

选择【色板】面板，如图2-9所示。【色板】面板和【颜色】面板有共同之处，都可以用来改变工具箱中的前景色和背景色。将鼠标移动至【色板】面板上，在相应色块上吸取颜色即可改变工具面板中的前景色或背景色，如图2-10所示。将鼠标放至【色板】面板空白区域，就会出现"油漆桶"图标，单击鼠标左键即可为图像添加颜色。按下【Alt】键并单击鼠标左键可以从色板中去除颜色色块。

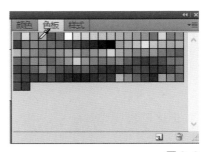

图2-9

图2-10

第三节 选择工具

一、选框工具

Photoshop 最强大的功能之一就是图像处理，如果要对图像中的一部分进行编辑，首先需要选择构成这些部分的像素区域，而这个区域，就是我们所说的选区。

下面介绍一下创建选区的方法。将鼠标移至【工具】面板选择工具上并长按鼠标左键，弹出如图 2-11 所示的选框工具列表，列表里包含了【矩形选框工具】、【椭圆选框工具】、【单行选框工具】、【单列选框工具】。选择相应选框工具后，点击鼠标左键并进行拖曳，即可创建选区，此时进行的图像编辑操作只对选区内的图像起作用。当选择选区工具时，在图像上使用鼠标单击左键并拖曳不仅可以创建选区，还可以调节选区位置。选框工具的快捷键是【M】，反复按下【Shift+M】键可以直接切换【矩形选框工具】和【椭圆选框工具】，按住【Shift】键可框选出正方形选区和圆形选区，取消选区快捷键是【Ctrl+D】。

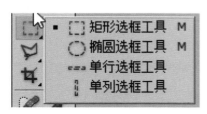

图 2-11

二、选区的编辑命令

选择选框工具后，即可在工具选项栏对该工具参数选项进行设置，如图 2-12 所示。

图 2-12

在【选择】下拉菜单中的【修改】选项中，包含了【边界】、【平滑】、【扩展】、【收缩】、【羽化】5 个命令，如图 2-13 所示。可以通过执行这些命令对选区进行编辑。下面我们来详细讲解一下这些命令。

图 2-13

1. 创建选区的外框

在 Photoshop 的早期版本中就有【边界】命令了，它主要用于创建现有选区的边界，可以生成向内和向外同等像素宽度的选区。当要选择图像区域周围的边界或像素带时（例如清除粘贴对象周围的光晕效果），此命令是非常快捷有效的。执行【边界】命令，弹出【边界选区】对话框，为新边界选区宽度设定一个像素值，范围在 1~200 像素，然后单击【确定】按钮。将边框宽度设置为 20 像素时，即可创建出一个柔和边缘的新选区，该选区将在原选区边界的内外分别扩展 10 像素，如图 2-14 所示。

2. 柔化选区边缘

图 2-14

当我们需要创建柔化边缘的选区时，单击【魔棒工具】建立选区，可以通过勾选状态栏中的【清除锯齿】选项，【清除锯齿】是通过软化边缘像素与背景像素之间的颜色，使选取的锯齿状边缘变得平滑，产生一种渐变效果，如图 2-15 所示。

图 2-15

图 2-17

三、选区的布尔运算

在 Photoshop 中，涉及布尔运算的地方非常多，包括选区、图层、蒙版、矢量形状等，它们的应用方式都是一样的，图标也完全相同。选区工具的选项栏中有 4 个按钮，如图 2-18 所示。

3. 羽化

【羽化】的原理是令选区内外衔接部分虚化，起到渐变的作用，从而达到自然衔接的效果，这种模糊边缘的方法将丢失选区边缘的一些细节。执行【选择—修改—羽化】命令，在弹出的【羽化选区】对话框中设置羽化值，即可对已有选区进行羽化操作，如图 2-16 所示。不建议在创建选区前设置羽化值，因为我们很难预估羽化值的大小，如果羽化值不合适，还需要重新创建选区。所以一般情况下，我们先创建选区再进行羽化操作，【羽化】命令的快捷键为【Shift+F6】。

图 2-18

A、B、C、D 四个按钮分别是选区的 4 种不同创建模式。通过这 4 种模式可以对选区进行相加、相减等操作。这里我们为大家讲解这 4 种模式的应用方法。

A：【新选区】按钮，选中该按钮绘制选区会去掉原选区，生成新的选区。

B：【添加到选区】按钮，在原有选区上增加新的选区，得到两个选区的并集，如图 2-19 所示。按住【Shift】键可临时切换到该按钮。

C：【从选区中减去】按钮，在原有选区上减去新选区，得到两个选区的差集，如图 2-20 所示。按住【Alt】键可临时切换到该按钮。

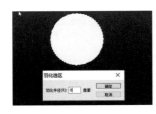

图 2-16

4. 扩大选区的范围

我们在使用【魔棒工具】进行选区操作时，经常会配合【扩大选取】和【选取相似】命令一同使用，这两个命令位于【选择】下拉菜单中。【扩大选取】命令是以现有选区为基础的，软件会根据选区内的像素和当前使用选区工具的【容差】值进行运算，对现有选区周围的像素进行扩大选取。当前使用【魔棒工具】选择一定的范围，【容差】值分别为 20 和 40，值越大选区范围就越大，如图 2-17 所示。

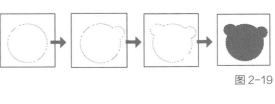

图 2-19

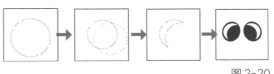

图 2-20

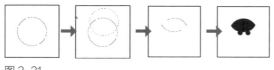

图 2-21

D：【与选区交叉】按钮，选择两个选区重叠的部分，得到两个选区的交集，如图 2-21 所示。按住【Alt+Shift】键可临时切换到该按钮。

第四节 套索工具

在【工具】面板中的【套索工具】上长按鼠标左键会显示出隐藏的套索工具，如图 2-22 所示。利用【套索工具】、【多边形套索工具】和【磁性套索工具】，可以对不规则图形以及其他任意图形进行绘制并建立选区。【套索工具】的快捷键为【L】，反复按下【Shift+L】键可以在这 3 种套索工具中切换。

图 2-22

一、普通套索工具

选择【套索工具】，单击鼠标左键在图像上进行拖曳，鼠标光标移动的轨迹就是选区的边界。它的优点是操作简便，缺点是所创建选区的形态比较难控制，所以该工具一般用于创建精度要求不高的选区。

二、多边形套索工具

选择【多边形套索工具】，在所选择图像上单击鼠标左键创建多边形选区的第一个顶点，移动鼠标至图像下一位置再次单击鼠标左键创建第二个顶点，此时两个顶点之间会出现一条连线，然后再将鼠标光标移动到新的点进行单击，当鼠标光标首尾点相连闭合时就形成了多边形选区。该工具的优点是选择比较精确，缺点是使用起来比较烦琐。该工具比较适用于边界类似于多边形图案的选取。在使用多边形套索工具时，按下【Delete】键可逐个删除创建的顶点。

三、磁性套索工具

【磁性套索工具】是一种比较特别的选择工具，它根据要选择的图像边界的像素点颜色来创建选区。在要选择图像边界与背景颜色差别较大的部分，可以直接沿边界移动鼠标，磁性套索工具会根据颜色的差别自动创建磁性锚点勾画出选区。在颜色差别不大的部分，可以用多次单击手动创建磁性锚点的方式勾选边界。该工具主要适用于边界分明的图像。在使用磁性套索工具的时候，也可以按下【Delete】键对创建的磁性锚点进行逐个删除。

第五节 选区自由变换

【自由变换】命令可对选取对象进行一系列变换操作，包括旋转、缩放、斜切、扭曲和透视等。不仅可以应用于选区、整个图层、多个图层或图层蒙版，还可以应用于路径、矢量形状、矢量蒙版、选区边界或 Alpha 通道。执行【编辑—自由变换】（快捷键为【Ctrl+T】）命令后，在所选图形上会出现一些操作点和线。同时选项栏会切换为【自由变换】命令选项，如图 2-23 所示。

图 2-23

执行【自由变换】命令后，所选择的图形上就会出现 8 个"角手柄"，将鼠标光标移动到"角手柄"上，光标会变为双向箭头，可以通过拖曳鼠标对图形进行缩放。在自由变换外框的中心有一个参考点，拖曳该点可以将其移动到图像上的任何位置，也可以单击选项栏上的参考点定位符来确定其位置。参考点上的白色圆点表示中心点的位置，如图2-24所示。

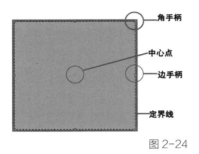

图2-24

下面为大家讲解如何使用操作点、线和调整参数进行自由变换。

一、缩放

通过拖动鼠标进行等比例缩放：将鼠标光标放在角手柄处，当指针变为双向箭头时，按住键盘上的【Shift】键并拖动鼠标，图像会以其对角点为中心向外等比例缩放；按住【Shift+Alt】键拖曳鼠标，图像则会以其中心点向外等比例缩放，如图2-25所示。

图2-25

通过调整参数进行缩放：在选项栏的【W】（水平缩放比例）和【H】（垂直缩放比例）文本框中输入数值，按下【Enter】键确认。

缩放矢量形状或路径时不会影响图像质量，因为这只会改变用于生成对象的数学计算。但如果对位图图像进行放大，则会出现马赛克，对其进行缩小，会损失像素。

二、旋转

通过拖曳鼠标进行旋转：将鼠标光标移到"角手柄"外面，鼠标光标会变为旋转图标，拖曳鼠标即可对图像进行旋转，按住【Shift】键可将旋转数值限定为15°增量，如图2-26所示。

图2-26

通过调整参数进行旋转：在选项栏的【旋转】文本框中输入旋转数值即可。

三、斜切

斜切操作：按下【Crtl+Shift】组合键，将鼠标光标移动到"边手柄"上时，光标变为"双向箭头"图标，此时对其进行拖曳可实现斜切操作，如图2-27所示。

通过调整参数进行斜切：在选项栏的H（水平斜切）和V（垂直斜切）文本框中输入数值即可。

图2-27

四、扭曲

相对于中心点扭曲：按下【Alt】键，将鼠标光标移动到"角手柄"上，当鼠标光标变为"双向箭头"图标时，拖曳鼠标，如图2-28（左）所示。

图 2-28

自由扭曲：按下【Ctrl】键，将鼠标光标移动到"角手柄"或"边手柄"上，当鼠标光标变为"空心三角形"图标时，拖曳鼠标，如图 2-28（右）所示。

五、透视

应用透视：按下【Ctrl+Alt+Shift】组合键，将鼠标光标移动到"角手柄"上，当鼠标光标变为"空心三角形"图标时，拖曳鼠标，如图 2-29 所示。

图 2-29

六、变形

单击选项栏中的【在自由变换和变形模式之间切换】按钮，开启变形模式，此时选项栏会切换为变形模式，这时我们可以通过拖动"控制点"对图形进行变形，也可以通过更改"变形样式"对图形进行变形。在选项栏的【变形】下拉菜单中选择"变形样式"后，再使用方形手柄来调整变形的形状。通过选择【视图】下拉菜单中的【显示额外内容】来设置控制点和变形网格。

七、其他操作

通过设置数值移动图形：在选项栏的 X（水平位置）和 Y（垂直位置）文本框中输入数值设置新位置。点击【使用参考点相关定位】按钮可以相对于当前位置指定新位置。

完成变换操作：当设置好变形参数后，可以按下【Enter】键执行【变换】命令，或者点击选项栏中的【进行变换】按钮，还可以在变换选框内双击鼠标左键完成变换操作。

取消变换操作：按下【Esc】键或点击选项栏中的【取消变换】按钮。

第六节　魔棒工具和快速选择工具

在【工具】面板的【魔棒工具】上长按鼠标左键，会弹出如图 2-30 所示的工具图标。利用【魔棒工具】和【快速选择工具】可以在图像中快速选择与鼠标光标落点颜色相近的区域。

图 2-30

该工具主要适用于大块单色区域图像的选择。【魔棒工具】和【快速选择工具】的快捷键是【W】，反复按【Shift+W】键可对这两种工具进行切换。与选区工具相同，也可以通过使用【Shift】或者【Alt】键来增加或者减少选区的范围。

一、魔棒工具

在【工具】面板中选择【魔棒工具】，选项栏如图 2-31 所示。

该工具选项栏中最重要的一项就是容差，它的取值范围在"0~255"，这个数值决定了选

图 2-31

择的精度，数值越大，精度越小，数值越小，精度越大。勾选【连续】选项，则只能选择与鼠标光标落点处像素颜色相近且相连的部分；取消勾选该选项，则可以在图像中选择所有与光标落点处像素颜色相近的部分。一般情况下，对包含多个图层的文档使用【魔棒工具】时，不勾选【对所有图层取样】选项，执行操作后只能选择当前图层中颜色相近的部分；若勾选该选项，执行操作后则可以选择所有图层中的颜色相近的部分。

二、快速选择工具

在【工具】面板中选择【快速选择工具】，选项栏如图 2-32 所示。左边类似画笔工具的图标是选区计算按钮，单击【新选区】按钮，可以创建一个新的选区；单击【添加到选区】按钮，可以在原选区的基础上绘制添加新的选区；单击【从选区减去】按钮，可以在原选区的基础上绘制减去当前的选区。勾选【自动增强】选项，可以减少选区边界的粗糙度和块效应，自动将选区向图像边缘进一步流动，并进行边缘调整。可以通过输入数值来调整画笔的大小，也可以在绘制选区的过程中，通过按下【 } 】键增大，或按下【 { 】键减小来调整。

新选区　从选区减去

添加到选区

图 2-32

第七节 裁剪工具、切片工具

一、裁剪工具

【裁剪工具】主要用于剪切掉图像中多余的部分，只保留需要的部分，它的快捷键是【C】。

在裁剪的同时，还可以对图像进行旋转、扭曲等操作。进行此操作时还可以快速设置裁剪后对象的宽度和高度及分辨率大小。【裁剪工具】选项栏如图 2-33 所示。

图 2-33

在图像上按住鼠标左键并进行拖曳，图像中会生成一个裁剪框，其形态与前面所学的扭曲边界框类似。裁剪框选项栏如图 2-34 所示。

图 2-34

在工具选项栏点选【删除】选项，可以将裁剪框外的图像删除；若点选【隐藏】选项，则图像并没有被裁剪，只是将裁剪的部分隐藏在画布之外，在图像窗口中移动图像可以显示隐藏的部分。勾选【屏蔽】选项时，图像中裁剪掉的区域将被遮蔽；【颜色】色块决定用什么颜色遮蔽图像中被剪掉的区域；【不透明度】决定使用遮蔽区域的不透明度。不勾选【透视】选项，可以对裁剪区域进行缩放和旋转的操作；若勾选，则可以对裁剪框进行扭曲变形。无论裁剪框的形态多么不规则，执行【裁剪】命令后，软件都会自动将保留下来的图像调整为规则的矩形图像，如图 2-35 所示。调整裁剪框形态的方法与执行【缩放】命令的方法类似，这里就不再作详细介绍。将鼠标光标移动至裁剪框内部，拖曳鼠标即可移动裁剪框。

图 2-35

二、透视裁剪工具

可以使用【透视裁剪工具】对裁剪框进行缩放和旋转的操作，用户在根据需要进行裁剪时，可勾选【透视】选项；调整裁剪框形态的方法与调整边界框的方法相似，可将不规则的裁剪框变成规则的形状，如图 2-36 所示。

图 2-36

三、切片工具

【切片工具】是 Photoshop 自带的一个平面图片制作工具，用于切割图片，制作网页分页。它可以对网页设计稿进行切割，以便我们对每个块面进行单独的优化。切割完成后，再用 Dreamweaver 进行细致的处理。利用【切片工具】可以快速进行网页的制作。

选择【切片工具】，使用鼠标点击选项栏中"样式"，选择"固定长宽比"选项，设置高度和宽度值，在画布上拖曳鼠标，软件会按该比例对图像进行切片。选择"固定大小"选项，若将高度和宽度都设置为"200"像素，此时在画布上拖曳鼠标，软件会按此大小对图像进行切片。执行【视图—标尺】命令或者按下【Ctrl+R】组合键显示标尺。选择【移动工具】，将鼠标放在水平标尺上，向下移动并拖曳鼠标确定参考线位置，然后选择【切片工具】，此时软件会沿着参考线对图像进行切片。执行【文件—存储为 Web 所用格式】命令，在弹出的【存储为 Web 所用格式】对话框中点击【储存】按钮，在弹出的【将优化结果存储为】对话框中选择"HTML 和图像"保存格式，并确定保存位置，如图 2-37 所示。HTML 就是生成网页，图像就是保存为图片。

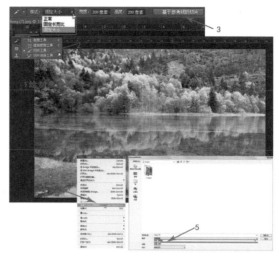

图 2-37

四、切片选择工具

使用【切片工具】对图像进行切片，有时候可能选择的界面不够精准，这时就要用【切片选择工具】进行调整。选择【切片选择工具】，其选项栏和【切片工具】选项栏有一定区别，前 4 个图标主要用于切片的前后排列，后面 12 个图标主要用于切片的对齐分布。使用鼠标点击【划分】按钮，弹出【划分切片】对话框，设置"水平划分"和"垂直划分"参数，将数值分别设置为"2"，图像即可被切成四等份，如图 2-38 所示。然后，拖曳中心位置的"十"字形光标调整图像的大小。【切片选择工具】存储方式和【切片工具】一样，这里就不再一一讲解。

图 2-38

第三章
图像调色

本章导读

　　本章主要讲解 Photoshop【图像】的调色方法，包含曲线、色阶、色彩平衡、色相／饱和度、照片滤镜、反相、去色、匹配颜色、黑白、HDR 色调等，这里重点讲解色阶、曲线、色彩平衡、色相／饱和度，通过对明度、色相及饱和度的理解掌握基本的调色方法。

精彩看点
- 色阶的使用
- 曲线的使用
- 色彩平衡的使用
- 色相／饱和度的使用

第一节　图像调色的类型

　　图像调色处理主要解决图像的明度、色相和饱和度等问题，可以对图像中某一区域的明度、色相以及图像中全部颜色或某一颜色的饱和度等进行调整。大量的图像调色其实都是围绕这三种类型展开的，使我们有条理地运用调色命令。Photoshop 的图像调色命令有很多重合之处，而每种调色命令都会有侧重点，如果盲目地选择调色命令，往往会增加任务的难度。所以在对图像进行调色的时候，应该先明确调整色彩的明度、色相或饱和度的类型，然后再执行相关命令。

　　Photoshop 中几乎所有的调色功能都能在菜单栏的下拉列表中找到，如图 3-1 所示。

学习素材

图 3-1

第二节 图像基本调色命令

一、色阶

（一）打开图 3-1 素材文件，对其执行【图像—调整—色阶】命令，或按下【Ctrl+L】组合键，弹出【色阶】对话框，如图 3-2、图 3-3所示。

图 3-2

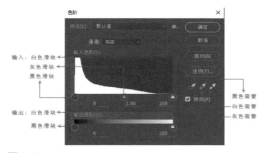

图 3-3

在【色阶】对话框中，可以通过调节滑块或者在文本框中输入数值的方式，对图像的高光、中间调和暗调进行调节，改变图像的对比度。滑块上面的区域称为"直方图"，如图 3-4 所示。

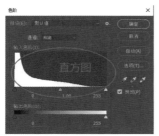

图 3-4

直方图的横轴从左到右代表照片中从黑（暗部）到白（亮部）的像素数量，对比度适中的图像应该都有明暗细节，直方图上从左到右都有明显分布，同时两侧不会有像素溢出。直方图的竖轴表示图像中黑白灰部分所占画面的面积，峰值越高说明该明暗值的像素数量越多。从色阶命令直方图上可以看出该图像的左侧数据明显溢出，说明该图像黑色数据较多。该直方图左侧部分较高，右边部分较低，说明画面偏暗，应该增加曝光量（正补偿），反之则应该进行负补偿。可以通过调节右边白色滑块（向左移动）和调节灰色滑块（向左移动）进行处理，如图 3-5 所示。

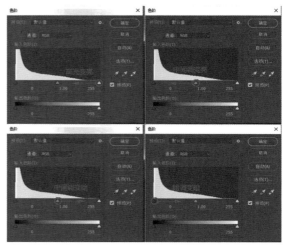

图 3-5

通过观察直方图还能判断图像的反差度，当直方图中所有阈值分布都聚集在中间，而两边没有直方显示时，说明该图像很可能会反差过低，细节将难以被肉眼识别。如果整个直方图贯穿横轴，没有峰值，同时明暗两端又有溢出，说明该图像很可能会反差过高，这将使画面明暗两极都产生不可逆转的明暗细节损失。

通过适当提高高光区的亮度、大幅度调高中间调的亮度的方法就能弥补图像拍摄过程中曝光不足的问题，如图 3-6、图 3-7 所示。

调整前的效果：

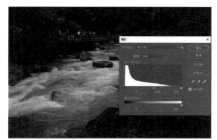

图 3-6

调整后的效果：

图 3-7

输出色阶很少使用，此滑块仅用于整体偏亮或者偏暗的图像，正常图片使用后往往会丢失层次，如图 3-8 所示。

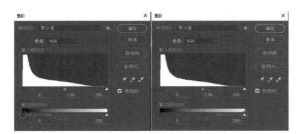

图 3-8

（二）打开图 3-2 素材文件，执行【图像—调整—色阶】命令，或按下【Ctrl+L】组合键在弹出的【色阶】对话框中进行调整，如图 3-9、图 3-10 所示。

从直方图中可以看出，图像的数据仅存在于暗调区域，中间调和高光没有任何数据，调整此图像只需将白色滑块数值调整为 52，灰色滑块数值调整为 1.74，调整后效果如图 3-11所示。

事实上，不管怎么拖动白色滑块和灰色滑块，都不能达到令人非常满意的效果。【色阶】对话框还提供了可以重新定义图像像场的吸管工具，以方便我们对图像做进一步调整，如图 3-12所示。

图 3-9

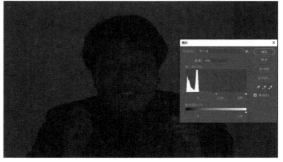

图 3-10

图 3-11

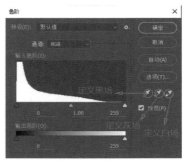

图 3-12

023

（三）执行【文件—恢复】命令，或按下【F12】键，使图像恢复到原始状态。执行【图像—调整—色阶】命令，或按下【Ctrl+L】组合键，在弹出的【色阶】对话框中选择白色滴管后在人物的背景位置点击鼠标左键，重新为背景定义白色场，如图 3-13 所示。

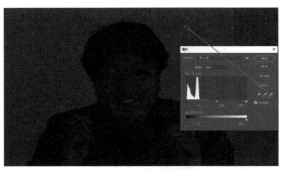

图 3-13

然后，调节直方图下方的黑色滑块和灰色滑块，得到如图 3-14 所示效果。

图 3-14

另外，通过点击【色阶】对话框中的【自动】按钮和【选项】按钮也可以对图像进行简单的调整，但是这两项功能仅针对反差较小的图像进行微调，并不能大幅度改变图像，如图 3-15、图 3-16 所示。

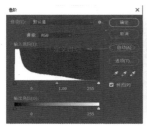

图 3-15　　　　图 3-16

二、曲线

（一）打开图 3-3 素材文件，执行【图像—调整—曲线】命令，或按下【Ctrl+M】组合键，弹出【曲线】对话框，如图 3-17、图 3-18 所示。

图 3-17

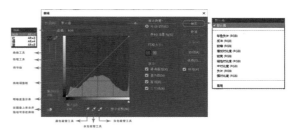

图 3-18

曲线在 Photoshop 图像调色处理中被广泛应用，是使用频率最高且调整效果最为精确的命令，执行【曲线】命令不仅可以调整图像的整体色调，还可以精确地控制多个色调区域的明暗。

【曲线】对话框的各项参数介绍如下。

1. 预设：一般为默认值，也可以在预设下拉菜单中选择一个自带的调整选项。

2. 通道：【色阶】命令和【曲线】命令都有一个共同点，即根据不同的颜色模式都可以调整整个图像或单独调整某个通道。

3. 调节线：在直线上可以添加节点（不多于14个），将鼠标移动到曲线上，光标变为"十"字形后单击鼠标左键添加节点，拖动该节点即可对图像进行调整。选中节点并将其拖到对话框外部，或者选中节点按下【Delete】键，即可删除节点。

4. 曲线调整框：在调整区域内按住【Alt】键并单击鼠标左键，就可以增加网格数量，对图像做精确调整。

5. 明暗度显示条：横向的渐变条表示图像调整前的明暗程度，也称之为"输入"；纵向的渐变条表示图像调整后的明暗程度，也称之为"输出"。输入和输出轴上都有一个明暗度信息，用于提示我们哪边是阴影、哪边是高光，通常我们根据这个信息来调整图像。

6.【在图像上单击并拖动可修改曲线】按钮：选择此按钮可以在图像上直接拖动鼠标，快速进行色彩和亮度调整。

7.【曲线工具】与【铅笔工具】：单击这两个按钮，可以通过在曲线调整框中增加节点或者使用手绘方式调整曲线。

在【曲线】对话框中，使用【曲线工具】，在曲线上单击增加一个控制点，向左拖动此节点调整图像明暗。由于图 3-3 素材图像亮度过低，所以在曲线上单击再增加一个节点，向左上方继续拖动该节点即可调整图像的明暗度，如图 3-19 所示。

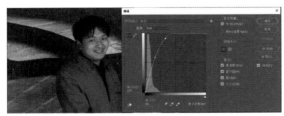

图 3-19

（二）曲线调色的特殊效果实例

在【曲线】对话框中，使用【曲线工具】，在曲线上将暗调点和高光点调整到某个特定位置，图片则会产生特殊效果。

打开图 3-4 素材文件，如图 3-20 所示。执行【图像—调整—曲线】命令，或按下【Ctrl+M】组合键，弹出【曲线】对话框，如图 3-21 所示。

图 3-20

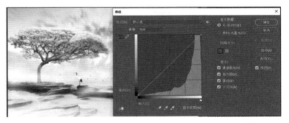

图 3-21

1. 使用【曲线工具】，在曲线上点击鼠标左键，将左下角的暗调节点与左上角的高光节点调整成水平状态，暗调和高光的颜色一致，此时图像不再有任何对比，将会显示出一种颜色——白色，如图 3-22 所示。把呈水平状态的曲线拖至曲线调节框的中间位置，也同样会显

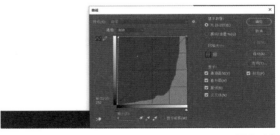

图 3-22

示一种颜色——灰色，如图 3-23 所示。水平高度显示灰度不一致，最高为白色，最低为深灰色，如图 3-24 所示。

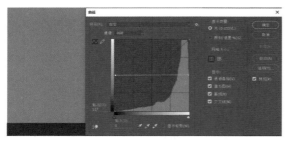

图 3-23

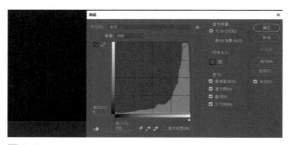

图 3-24

2. 在曲线节点上，如果暗调点比高光点高，那么颜色的亮度会交换，如图 3-25 所示。

图 3-25

3. 暗调点所呈现的明暗交换效果比高光点稍强。

4. 暗调点调节到最高位置、高光点调节到最低位置时，呈现出负片效果，如图 3-26 所示。

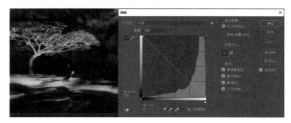

图 3-26

三、色彩平衡

（一）通过使用【色彩平衡】命令，可以在图像或者图像选区内增加或减少阴影、中间调及高光区域中的特定颜色。执行【图像—调整—色彩平衡】命令，弹出如图 3-27 所示对话框。

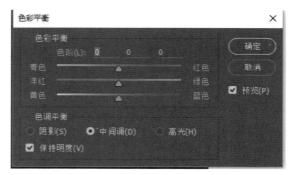

图 3-27

【色彩平衡】对话框中的各项参数介绍如下。

1. 颜色调整滑块：颜色调整滑块显示 CMYK 或者 RGB 互补的颜色。通过拖动滑块来增加或减少某一种颜色在图像中的比例。

2. 阴影、中间调和高光：单击任意一个选项按钮，然后拖动某颜色滑块可以调整此颜色在图像中对应影调比例的颜色值。

3. 保持明度：勾选此选项，可以保持图像的明度，无论怎样拖动颜色滑块，像素的明度值都不会被改变。

（二）色彩平衡校正照片偏色实例

打开图 3-5 素材文件，如图 3-28 所示。执行【图像—调整—色彩平衡】命令，或按下【Ctrl+B】组合键，弹出【色彩平衡】对话框。选择【中间调】按钮，然后将滑块拖动至如图 3-29 所示位置，降低图像中红色与黄色值，调整后的图像效果如图 3-30 所示。

图 3-31

图 3-28

使用【色彩平衡】命令校正偏色照片

图 3-29

图 3-32

选择【高光】按钮，调整图像中较亮的区域，将绿色和红色滑块拖动至如图 3-33 所示位置，调整后的图像效果如图 3-34 所示。

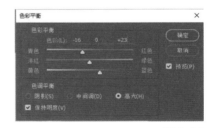

图 3-33

图 3-30

选择【阴影】按钮，调整图像中较暗的区域，将滑块拖动至如图 3-31 所示位置，调整后的图像效果如图 3-32 所示。

图 3-34

可以尝试对图3-5素材图像执行【色彩平衡】命令，调整为如图3-35所示的金色色调。

图3-35

四、色相/饱和度

（一）【色相/饱和度】命令可以调整图像整体或者图像选区内图像的色相、饱和度及明度，其优点在于可以根据需要调整某一色调范围的颜色。执行【图像—调整—色相/饱和度】命令，弹出如图3-36所示对话框。

使用【色相饱和度】命令调整图像

图3-36

【色相/饱和度】对话框的各项参数介绍如下。

1. 预设：在预设下拉菜单中提供了【色相/饱和度】命令快速调整选项，如果要进行手动调整，就选择"默认值"选项。

2. 全图：全图选项可以调整图像中的所有颜色，或者选择某一颜色对其进行单独调整。也可以选择【色相/饱和度】对话框底部的吸管按钮，吸取图像中的颜色、扩大取样颜色范围或者从取样颜色中缩小取样范围。

3. 色相、饱和度、明度：拖动这三个滑块可以对色相、饱和度、亮度进行调整。

4. 颜色条：【色相/饱和度】对话框底部

有两个颜色条，代表颜色在色相环上的次序和选择范围。上面的颜色条表示调整前的颜色，下面的颜色条表示调整后的颜色。

5. 着色：可以将当前RGB或CMYK图像转换成某一色调的单色调图像。

6. ✋：点击手型按钮，在图像上吸取某一颜色，并单击鼠标左键在图像中左右拖动，可以减少或增加图像的饱和度；按下【Ctrl】键，单击并左右拖动鼠标可以改变相对应颜色区域的色相。

（二）【色相/饱和度】改变风景颜色实例

本实例将通过使用【色相/饱和度】命令改变风景草地及建筑的颜色。

1. 打开图3-6素材文件，如图3-37所示。执行【图像—调整—色相/饱和度】命令，或按下【Ctrl+U】组合键，弹出【色相/饱和度】对话框。在全图下拉列表中选择【绿色】，将色相滑块拖动至图3-38所示位置，效果如图3-39所示。

图3-37

图3-38

图 3-39

2.此时图像中仍然有一部分绿色未被调整为紫红色,继续调整色相/饱和度。将颜色条滑块拖动至最左侧,用以扩大颜色的调整范围,如图 3-40 所示。

图 3-40

(三)将图像"着色"为单色调图像实例

【色相/饱和度】对话框右下角的"着色"选项有两个作用:

第一,对彩色的图像进行着色会使图像色相偏向一种颜色;第二,可将一个黑白图像附上一种颜色。

1.打开图 3-7 素材文件,如图 3-41 所示。

2.执行【图像—调整—色相/饱和度】命令,或按下【Ctrl+U】组合键,在弹出的【色相/饱和度】对话框中,勾选"着色"选项,适当调整色相和饱和度,得到如图 3-42 所示结果。

图 3-41

图 3-42

五、照片滤镜

照片滤镜是模拟传统光学在镜头前面加上一个彩色滤镜色调,使其具有偏暖色调或者偏冷色调的倾向,也可以根据实际情况选择【颜色】按钮,为图像自定义添加其他色调。

打开图 3-8 素材文件,如图 3-43 所示。执行【图像—调整—照片滤镜】命令,弹出如图 3-44 所示对话框。

图 3-43   图 3-44

【照片滤镜】对话框中的各项参数介绍如下。

1. 滤镜：在【滤镜】下拉菜单中有 20 多种预设色调选项，可以根据需要选择某一种色调进行图像调整。

2. 颜色：选择【颜色】按钮并点击右侧的色块，可以在弹出的【拾色器】对话框中自定义一种颜色作为图像色调。

3. 浓度：可以通过调整浓度滑块来增加颜色数量，数值越大，颜色调整就越多。

4. 保留明度：在颜色数量增多的情况下，保持原有图像的明亮度。

选择【照片滤镜】中的"加温滤镜"，调整后的图像效果偏暖，如图 3-45 所示。选择【照片滤镜】中的"冷却滤镜"，调整后的图像效果偏冷，如图 3-46 所示。通过使用【照片滤镜】自定义颜色调整后的图像呈金色色调，如图 3-47 所示。

图 3-45

图 3-46

图 3-47

六、反相

执行【反相】命令可以将图像转换成底片效果。对于彩色图像而言，执行【反相】命令可以将图像中的各部分颜色转换成补色，一个图像上有很多种颜色，每种颜色都转成各自的补色，相当于将图像的色相旋转了 180 度。

打开图 3-9 素材文件，如图 3-48 所示。执行【图像—调整—反相】命令，效果如图 3-49 所示。对选区进行反相操作，还可以得到另一种特殊的效果。

图 3-48

图 3-49

七、匹配颜色

执行【匹配颜色】命令时需要同时打开两个图像文件，把其中一个图像文件的颜色信息与另一个图像文件的颜色信息相匹配，我们在进行不同色温图像合成的时候经常会使用这一命令。

打开图 3-10 素材和图 3-11 素材文件，如图 3-50、图 3-51 所示。

图 3-52

图 3-50

图 3-53

图 3-51

执行【图像—调整—匹配颜色】命令，弹出【匹配颜色】对话框。现在需要将图 3-10 素材文件的颜色信息匹配给图 3-11 素材文件。

在【匹配颜色】对话框中，确定目标图像为图 3-11 素材文件，在【源】下拉菜单中选择3-10 素材文件。

在图像选项中，将明亮度、颜色强度和渐隐滑块拖动到如图 3-52 所示的位置，得到的效果如图 3-53 所示。

八、黑白

（一）【黑白】命令可以将图像处理为灰度或者暗色调图像的效果。执行【文件—新建】命令新建图像文件，对其执行【图像—调整—黑白】命令，弹出如图 3-54 所示对话框。

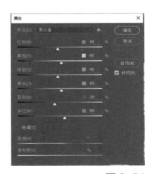

图 3-54

【黑白】对话框中的各项参数介绍如下。

1. 预设：在预设下拉列表中，软件自带了多种图像处理选项，可以将图像处理成不同程度的灰度效果。

2. 颜色滑块：分别拖动红色、黄色、绿色、青色、蓝色、洋红颜色滑块，即可对图像中所对应的颜色区域进行灰度处理。

3. 色调：勾选"色调"选项，即可激活色调右侧的颜色块和底部的两个渐变色条。拖动渐变色条即可调整色相及饱和度的参数，也可在数值框中输入数值调整图像的颜色；单击色调右侧颜色块，在弹出的【拾色器】对话框中选择需要的颜色。

（二）制作黑白和单色照片效果实例

打开图 3-12 素材文件，如图 3-55 所示。

执行【图像—调整—黑白】命令，弹出【黑白】对话框。在预设下拉列表中选择"绿色滤镜"，对图像做初步的黑白效果调整，如图 3-56 所示，图像调整后的效果如图 3-57 所示。

继续为图像着色。在【黑白】对话框中勾选"色调"选项，调整色相及饱和度的参数，如图 3-58 所示，图像调整后的效果如图 3-59 所示。

图 3-58   图 3-59

九、HDR 色调

（一）【HDR 色调】命令是近年来专业摄影师后期图像处理中常用的命令之一。HDR 的英文全称是 High-Dynamic Range，指"高动态范围"，就是使图像无论是高光部分还是阴影部分的细节都很清晰。Photoshop 中的【HDR 色调】命令，通过模拟 HDR 合成功能，分别对高光、中间调以及暗调进行处理以突出图像各部分细节。

（二）合成 HDR 图像效果实例

打开图 3-13 素材文件，如图 3-60 所示。

图 3-55   图 3-56

图 3-57

图 3-60

执行【图像—调整—HDR 色调】命令。在【HDR 色调】对话框中设置半径参数，如图 3-61 所示，扩大高光范围，调整后的图像效果如图 3-62 所示。

在【HDR 色调】对话框中的"高级"选项栏内，调整自然饱和度和饱和度的参数，如图 3-65 所示，得到如图 3-66 所示柔和自然的效果。

图 3-61　　　　　图 3-62

图 3-65　　　　　图 3-66

然后在"色调和细节"选项中调整图像的色调和细节。分别向右拖动灰度系数和细节滑块，如图 3-63 所示，降低图像的亮度，使其显示出更多的细节，调整后的图像效果如图 3-64 所示。

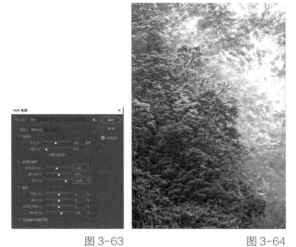

图 3-63　　　　　图 3-64

第四章
绘图和图像修饰工具的应用

本章导读

　　由于科学技术的发展让现今的绘画在形式上发生了很大的变化，我们可以直接在电脑上绘图，这为我们的工作、生活带来了很多便利。本章主要学习 Photoshop 绘图工具和图像修饰工具的主要功能及使用方法，在学习时要注意区分绘图工具和图像修饰工具的不同功能，以便帮助我们绘制出优秀的作品。

精彩看点

- 【画笔】面板的使用方法
- 【画笔工具】、【铅笔工具】和【颜色替换工具】的使用方法
- 【油漆桶工具】和【渐变工具】的使用方法
- 历史画笔工具组的使用方法
- 修复画笔工具组的使用方法
- 【仿制图章工具】等修图工具的使用方法
- 【模糊工具】、【锐化工具】和【涂抹工具】的使用方法
- 【减淡工具】、【加深工具】和【海绵工具】的使用方法

学习素材

第一节　绘图工具

　　绘图工具主要包括【画笔工具】、【铅笔工具】、【渐变工具】和【油漆桶工具】，修饰图像颜色的工具主要包括修补工具组、图章工具组、历史记录画笔工具组、橡皮擦工具组、【颜色替换工具】及【模糊工具】【锐化工具】【涂抹工具】、【减淡工具】、【加深工具】和【海绵工具】等。绘图及修饰过程中经常用到这些工具，要求同学们熟练掌握。

　　在 Photoshop CS6 中，【画笔】面板包含了大量预置好的画笔笔尖形状，并且通过设置参数还能衍生出更多的笔尖形状，来提升该软件的绘画功能。执行【窗口—画笔】命令，或者按下【F5】键，弹出如图 4-1 所示对话框。在【画笔】面板的左侧"画笔预设"下方勾选相应的选项，可以将这类参数应用于当前的笔尖形状。"画笔预设"相应的选项右侧会显示该选项的参数，图 4-2 为勾选"形状动态"后显示出来的参数。【画笔】面板最下方显示的是在图像中使用当前画笔笔尖形状画线的预览效果。

图 4-1　　　　　　　　　图 4-2

图 4-3　　　　　　　　　图 4-4

一、选择预设画笔

选择当前所使用的画笔预设有两种途径，一种是通过选项栏左侧的画笔弹出式面板进行选择；另一种是通过【画笔】面板进行选择。选择任意一个绘图或编辑工具，在选项栏中单击画笔笔尖形状预览图右侧的小三角形，弹出如图 4-3 所示【画笔】面板。用户可以选择不同的画笔预设，也可以通过拖动主直径上的滑块改变画笔的直径。使用画笔工具在图像中单击鼠标左键绘制起点，再按下【Shift】键单击鼠标左绘制终点键即可绘制出一条直线。

【画笔预设】选取器：单击选项栏画笔参数右侧的三角形，打开画笔选取器，它主要用于调节画笔参数，也可以预览笔刷效果。

【模式】列表：通过选择不同模式来改变当前绘制图像的混合模式，图像会根据当前选定模式的不同而发生变化，绘画模式与图层混合模式类似，这里不做过多介绍。

【画笔】面板的外观和工具选项栏中的画笔弹出式面板类似，但在【画笔】面板的下方有一个画笔效果预览的区域。将鼠标光标移动到不同的画笔预览图上并单击左键，【画笔】面板下方就出现不同画笔的绘制效果，如图 4-4 所示。

在画笔下拉式面板或【画笔】面板的弹出菜单中单击右侧的第一个按钮，即可弹出画笔显示方式，如图 4-5 和图 4-6 所示。

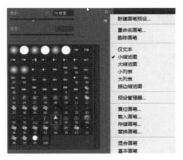

图 4-5

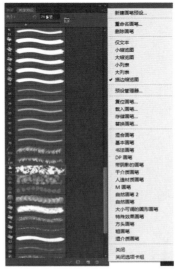

图 4-6

二、自定义画笔

新建一个透明的背景，将画笔设置为黑色，这样绘制图形的时候，白色的部分就是透明的。新建一个 2500×2500 像素的文件，选择【自定形状工具】绘制心形图案并将其填充为【黑色】，选择该图层，单击鼠标右键在弹出的下拉列表中执行【栅格化图层】命令。执行【编辑—定义画笔预设】命令，给新自定义画笔命名。选择【画笔工具】，在打开的【画笔】面板中找到到新定义的心形画笔，单击左侧的【画笔笔尖形状】选项，选择心形画笔，调整画笔大小和间距开始绘制，具体操作如图 4-7 所示。

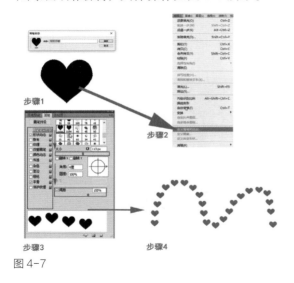

图 4-7

三、画笔选项设定

（一）画笔笔尖形状参数

在【画笔】面板左侧单击选择画笔笔尖形状选项，画笔笔尖形状选项和参数如图 4-8 所示。同时在【画笔】面板下方还可以预览设置后的效果。

（二）【形状动态】参数

在【画笔预设】参数中，选择"枫叶造型"的画笔。在【画笔】面板左侧单击【形状动态】选项，通过对笔尖【形状动态】的参数进行调整，即可设置笔尖的大小、角度和圆度。可以在【形状动态】选项下调整参数进一步完善上一步的操作，例如调整大小抖动、控制、最小直径、角度抖动、圆度抖动等，这些参数设置可以使画笔产生不同的效果，如图 4-9 所示。

图 4-8   图 4-9

（三）【散布】参数

通过【散布】参数的调整，可以设置画笔笔尖（鼠标光标拖曳的路线）向外扩散的范围，从而使画笔工具产生一种笔触散射的效果。在【画笔】面板左侧单击【散布】选项并取消勾选其他选项，通过调整相应参数值的大小，可以得到不同的画笔效果，如图 4-10 所示。

（四）【纹理】参数

通过【纹理】参数设置，可以使画笔产生图案纹理效果。在【画笔】面板左侧单击【纹理】选项，并取消勾选其他选项设置的参数，如图 4-11 所示。

（五）【双重画笔】参数

【双重画笔】参数设置，是在已经选好的画笔效果的基础上再增加一个不同样式的画笔，以产生两种不同纹理相交的笔尖效果。

（六）【颜色动态】参数

【颜色动态】参数设置，可以使笔尖产生多种颜色或图案，产生不同程度的混合效果，并且还可以调整其混合颜色的色相、饱和度及明亮度等。这类参数的设置在【画笔】面板中看不出笔尖的变化，只有在绘制图像的时候才能看出效果。

图 4-10　　　　　　　　　　图 4-11

（七）【传递】参数

【传递】参数设置，可以改变画笔的不透明度和颜色的流动效果。

（八）其他选项设置

除了前面介绍的选项以外，在【画笔】面板左侧还有如下几个选项。

【杂色】选项可以使画笔产生一些小碎点的效果。

【湿边】选项可以使画笔绘制出的颜色产生中间淡、四周深的润湿效果，可用来模拟水彩颜料所产生的效果。

【建立】选项可以模拟传统的喷枪技术，使画笔产生渐变效果。

【平滑】选项可以使画笔绘制出的颜色边缘比较平滑。

【保护纹理】选项，当使用复位画笔等命令对画笔进行调整时，可以保护当前画笔的纹理图案不受影响。

四、铅笔工具

【铅笔工具】与【画笔工具】的使用方法一样，【铅笔工具】创建出来的是硬边线条，就像我们平时使用的铅笔那样，画出来的线是硬朗的，【铅笔工具】没有流量参数设置。在 Photoshop 的早期版本中，【铅笔工具】与【画笔工具】所绘制出的效果被严格地界定

在软边和硬边中，不可以互相切换。但是从 Photoshop6.0 版本以后就可以使用相同的笔尖，这样就使它们的概念变得十分模糊了。在实际应用中使用哪个工具已经不重要，只要能达到效果即可。使用【铅笔工具】可以绘制硬边的线条，如果绘制斜线，会带有明显的锯齿。在工具箱中选择【铅笔工具】，选项栏如图 4-12 所示。

图 4-12

五、颜色替换工具

【颜色替换工具】可将选定颜色替换为另一种颜色，也就是使用另一种颜色在目标颜色上绘画。操作十分简单，将前景色设置为需要替换的颜色，然后选择【颜色替换工具】，再在已经画好的图像上拖动鼠标进行绘画即可。

【颜色替换工具】有 3 种取样模式：

连续：在拖动鼠标时连续对颜色取样。画笔拖到任何位置，都会将当前的前景色替换到图像中，这种模式适用于限定了区域的大面积颜色替换。

一次：只替换包含第一次单击的颜色区域中的目标颜色。画笔以单击的起始位置颜色为取样颜色，在拖动鼠标的过程中，只对取样颜色进行替换，同时，替换的范围会受容差值影响。

背景色板：只替换包含当前背景色的区域。画笔以当前背景色为取样颜色，根据容差值的大小来进行替换。

【颜色替换工具】有 3 种限制模式，对比效果如图 4-13 所示。

不连续　　　　　连续　　　　　查找边缘

图 4-13

不连续：替换出现在指针下任何位置的样本颜色，也就是替换鼠标光标所到之处的颜色。

连续：替换鼠标邻近区域的颜色。

查找边缘：重点替换位于色彩区域之间的边缘部分，同时保留形状边缘的锐化程度。

在进行艺术绘画的时候这 3 种限制模式是十分有用的。

容差 =32　　　　　　　　　容差 =15

图 4-15

第二节 填充工具

在 Photoshop 中，最常用的填充方式有色彩填充和渐变填充。而经常使用的填充工具是【油漆桶工具】和【渐变工具】。

一、油漆桶工具

选择【油漆桶工具】，在选项栏设置需要填充的前景色或图案，用鼠标单击需要填充的图像部分，即可使用前景色或图案填充指定容差内的所有像素。【油漆桶工具】只能应用于位图模式的图像，它不受选区的限制，如图 4-14 所示。

前景色填充　　　　　　　图案填充

图 4-14

容差：用于定义一个颜色的相似度，像素必须达到所定义颜色的相似度才会被填充，其范围为 0~255 像素，容差值越低，选择颜色的相似度的面积就越小，容差值越高，选择颜色的相似度就越大。颜色相似度的高低对比效果，如图 4-15 所示。

二、渐变工具

【渐变工具】主要用于创建多种颜色间的逐渐混合，并将其填充到图像内。如果要填充图像的一部分，首先要选择将要被填充的区域，否则渐变色会填充进当前被选定的图层。

可以在【渐变工具】选项栏的预设渐变填充中选择或创建新渐变，同时也可以在渐变预览中观察当前选用的渐变效果。在图像中拖曳鼠标，完成渐变填充，在图像上按下鼠标左键的位置是渐变的起点（对应色条左侧），释放鼠标左键的位置是渐变的终点（对应色条右侧），如图 4-16 所示。

图 4-16

【渐变工具】一共有 5 种渐变类型，效果如图 4-17 所示。

图 4-17

线性渐变：以直线方式从起点渐变到终点。

径向渐变：以圆形图案方式从起点渐变到终点。

角度渐变：以围绕起点方式进行逆时针扫描式渐变。

对称渐变：使用均衡的线性渐变方式，在

起点的任一侧渐变。

菱形渐变：以菱形方式从起点向外渐变，将终点定义为菱形的一个角。

第三节 历史记录画笔工具

利用【历史记录画笔工具】和【历史记录艺术画笔工具】，可以在图像中将新绘制的部分恢复到【历史记录】面板中的"恢复点"处。其快捷键为【Y】，按下【Shift+Y】组合键可以实现这两种工具之间的切换。

【历史记录画笔工具】可在【历史记录】面板中选择历史状态或快照的副本，然后绘制到当前图像中。简单地说，类似图标中后退指向箭头所暗示的那样，【历史记录画笔工具】可以将最初图像作为图像源，一笔一笔地恢复图像最初的效果。

现在我们举一个例子，来学习【历史记录画笔工具】的用法。

我们先对原图做一个滤镜处理，选择【滤镜】菜单中的【油画】命令，此时图像已经生成了滤镜效果，这样做是为了与原图形成对比。选择【历史记录画笔工具】，对图案进行涂抹，就可以将其还原为原来的画面效果，该操作同时也被记录下来，如图4-18所示。

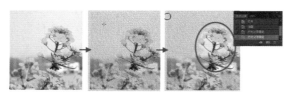

图4-18

其实【历史记录画笔工具】的使用方法非常简单,只要记住,想要将图像恢复到什么状态,就单击该状态的历史记录前面的区域。也就是说，想要恢复到什么步骤，就将该步骤设置为历史画笔的源。

【历史记录艺术画笔工具】可使用选定的历史状态或快照，将它们作为源数据，再模拟不同绘画风格的风格化画笔进行绘画。通过尝试使用不同的绘画样式，设置不同的画笔大小和容差选项，用不同的色彩和艺术风格来模拟绘画的纹理。前面我们已经讲过【历史画笔工具】的操作方法，其实【历史记录艺术画笔工具】与【历史记录画笔工具】的区别很小，只是多了一些艺术效果。【历史记录艺术画笔工具】选项栏中有十种主要的笔触模式，即绷紧短、绷紧中、绷紧长、松散中等、松散长轻涂、绷紧卷曲、绷紧卷曲长、松散卷曲和松散卷曲长。用来模拟绘画艺术中不同的用笔方式。

第四节 橡皮擦工具组

Photoshop 橡皮擦工具有以下 3 种。

【橡皮擦工具】：可抹除像素并将图像的局部恢复到最初储存状态。

【背景橡皮擦工具】：可通过拖动鼠标，将区域涂抹为透明区域。

【魔术橡皮擦工具】：只需单击即可将纯色区域擦拭为透明区域。

一、橡皮擦工具

【橡皮擦工具】可将像素点变为背景色或变透明。如果在背景图层或已锁定透明度的图层中使用【橡皮擦工具】，像素点将变为当前的背景色颜色，否则像素将被抹掉，如图4-19所示。

选择【橡皮擦工具】后，选项栏中有画笔、铅笔和块三种模式，如图4-20所示。画笔和铅笔模式使橡皮擦具有【画笔工具】和【铅笔工具】的属性；块是指具有硬边缘和固定大小的正方形光标显示，此时不能更改不透明度和流量选项。

当前背景色
图层透明度锁定

图层透明度未锁定

图 4-19

图 4-20

二、背景橡皮擦工具

【背景橡皮擦工具】可在拖曳鼠标时将图层上的像素变透明。【背景橡皮擦工具】通过指针的中心采集色样，删除画面内任何位置出现的该颜色。通过设置不同的取样模式和容差值，可以控制透明度的范围和边界的锐化程度，如图 4-21 所示。

选择红色为样本像素　　变成透明色

图 4-21

在选项栏中可以进行如下操作。

限制包括三种类型：不连续，抹除出现在画笔下任何位置的样本颜色；连续，抹除包含样本颜色且相互连接的区域；查找边缘，抹除包含样本颜色的连接区域，同时更好地保留形状边缘的锐化程度。

容差：可以通过输入数值或拖动模块调整容差值。低容差值仅限于涂抹与样本颜色非常相似的区域，高容差值可以涂抹颜色范围更广的区域，如图 4-22 示。

容差值为8%　　　　容差值为80%

图 4-22

保护前景色：可保护图像中与前景色匹配的区域不被涂抹，如前景色为红色，则不擦除红色或与红色相似的区域。

取样模式："连续"是随着鼠标拖动连续采集色样；"一次"只抹除含第一次单击的颜色区域；"背景色板"只抹除包含当前背景色的区域。

三、魔术橡皮擦工具

【魔术橡皮擦工具】可以擦除相似的像素，使用【魔术橡皮擦工具】在图层中单击鼠标左键时，该工具会擦除所有相似的像素，如果在已锁定透明度的图层中单击鼠标左键，则将背景层转换为图层并擦除所有相似的像素。我们可以在当前图层上，选择只抹除临近的相似像素，或抹除图像中所有的相似像素，如图 4-23 所示。

在选项栏中可进行如下操作。

容差：可以输入数值并定义可抹除的范围。容差数值越低，涂抹颜色的范围与样本颜色越相似；反之，容差的数值越高，涂抹的颜色范

图 4-23

围越广。

消除锯齿：涂抹像素时可使涂抹区域的边缘更平滑。

连续：只涂抹与单击样本颜色相连续的像素，取消选择则涂抹图像中的所有与样本颜色相似的像素。

对所有图层取样：利用所有可见图层中组合的数据采样涂抹色样。

不透明度：可以定义涂抹强度的大小。

100% 不透明度将完全涂抹像素，较低的不透明度将部分涂抹像素。

第五节 图章工具

一、仿制图章工具

【仿制图章工具】是最常用的图像局部修复工具，它可以将在取样处吸取来的图像复制到其他地方，它的原理是利用图像的样本来进行绘画。使用该工具的关键在于对取样部位的选择。使用【仿制图章工具】来修补图像，需要在选定拷贝（仿制）像素的区域上确定一个仿制源，然后在另一个区域上进行绘制。具体方法是：将鼠标放置在任意打开的图像中，然后按下【Alt】键并单击鼠标左键来确定仿制源，打开【画笔—画笔预设】选取器，从中选择任意一个画笔笔尖，此选项能够准确控制仿制区域的大小，也可以使用键盘快捷键【{】和【}】来控制画笔大小。同时可以在选项栏中调整【仿制图章工具】的参数，如图 4-24 所示。

图 4-24

这里我们来介绍一下【仿制图章工具】的 3 种基本功能。

【仿制图章工具】可以对图像中的某一部分进行复制。

将图像的某一部分或全部绘制在一个新图像上，如图 4-25 所示，图 1 和图 2 是两个不同的图像，我们可以将图 1 中的图像复制到图 2 中。注意：如果要从一个图像中取样并复制到另一图像中，这两个图像的颜色模式必须相同。

图 4-25

在同一个图像中，也可以将图层中的一部分内容绘制到另一个图层中。

二、图案图章工具

使用【图案图章工具】不能对图像中的内容进行复制，而是将已有的图案复制在当前图像上，选项栏如图 4-26 所示。【图案图章工具】的选项和【仿制图章工具】的选项栏相近，这里就不再一一介绍。

图 4-26

鼠标单击选项栏中的【图案】按钮，弹出【图案】面板，如图 4-27 所示。单击【图案】面板右上角的选择按钮，在弹出的下拉菜单中设置图案。勾选选项栏中的【对齐】选项，在图像窗口中多次拖曳鼠标，如图 4-28 所示。不勾选【对齐】选项，复制的图案将会无序地散落在

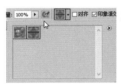
图 4-27

图 4-28

图像窗口中。勾选【印象派效果】，复制的图案会产生扭曲模糊的效果。

第六节 修复、修补工具

修复、修补工具的使用，增强了照片的处理功能。在【工具】面板中专门用于修复旧照片的工具有五个,包括【污点修复画笔工具】、【修复画笔工具】、【修补工具】、【内容感知移动工具】和【红眼工具】。【污点修复画笔工具】和【修复画笔工具】主要用于在保持原来图像明暗效果不变的情况下消除图像的杂色、斑点，【红眼工具】主要用于处理照片中的红眼问题。这五个工具的快捷键是【J】，按下【Shift+J】组合键可以在这五个工具间进行切换。下面分别介绍这五种工具的选项和使用方法。

一、污点修复画笔工具

使用【污点修复画笔工具】可以快速移除照片中的污点、划痕等，该工具将自动从所修复区域的周围取样，使用样点周围图像或图案中的样本像素进行绘制,并将样本像素的纹理、光照、透明度和阴影与所修复的像素进行匹配。常用于图像中面积较小的污点修复，如果修饰大片区域或需要更大地控制来源取样，使用【修复画笔工具】效果会更好。【污点修复画笔工具】选项栏如图 4-29 所示。

图 4-29

使用【污点修复画笔工具】处理前后的图像对比效果，如图 4-30 所示。

图 4-30

二、修复画笔工具

【修复画笔工具】和【污点修复画笔工具】类似，但是【修复画笔工具】是用制定的图像取样点来修复图像中的缺陷部分，或复制预先设置好的图案至需要修复的位置，且将复制过来的图像或图案边缘虚化，并与要修复的图像按指定的模式进行混合。混合的图像不改变需要修复图像的明暗，从而达到最佳的修复效果，选项栏如图 4-31 所示。

图 4-31

源：有两个可选项。点选"取样"，是利用从图像中定义的图像进行修复；点选"图案"，是利用右侧的【图案】面板中的图案进行图像修复。【修复画笔工具】不仅可以用于消除图像中小范围的杂点、划痕或者污渍，还可以用于其他方面的照片修复。

使用【修复画笔工具】处理前后的图像对比效果，如图 4-32 所示。

图 4-32

三、修补工具

【修补工具】可以用样本或图案来修复所选图像区域中不理想的部分。与【修复画笔工具】一样，【修补工具】会将样本像素的纹理、光照和阴影与原像素进行匹配，另外，【修补工具】还可以仿制图像的隔离区域。修复图像中的像素时，要选择较小的区域以获得最佳效果。

使用【修补工具】取样进行修补的方法有三种：源、目标和使用图案，如图 4-33 所示，三种的操作方法各不相同。

图 4-33

使用【修补工具】框选要修补的区域（被框选的区域周围被虚线包围），然后在选项栏中选择【源】，使用鼠标将框选区域拖动到取样区域（用来修补的区域）后释放鼠标，这时框选的区域被取样区域样本像素取代，具体操作过程如图 4-34 所示。

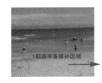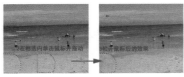

图 4-34

使用【修补工具】框选取样区域，然后在选项栏中点选【目标】，使用鼠标将框选区域拖动到新的区域后释放鼠标，这时新选定的区域将会被框选区域中的样本像素取代。使用【修补工具】只能用鼠标手动绘制选取取样区域，十分不方便，为了方便操作我们可以先使用选区工具绘制选区，然后再切换为【修补工具】，直接拖动鼠标即可。使用【修补工具】框选要修补的区域，然后在选项栏中选择需要替换的图案，单击图案左边的按钮，即可将图案融合到修补区域中。

四、红眼工具

【红眼工具】可修复相机在拍摄过程中因

使用闪光灯造成的红眼现象，也可以修复因使用闪光灯造成的动物照片中的白色或绿色反光。它的操作十分简单，只要选择【红眼工具】，在照片的红眼处单击鼠标左键即可。【红眼工具】是使用前景色对图像中的特定颜色进行替换，红眼是由于相机闪光灯在主体视网膜上反光引起的。在光线较暗的房间里拍照时，由于主体的虹膜张开得宽，会使红眼现象更加频繁。

五、内容感知移动工具

【内容感知移动工具】可以去除图片中的文字与杂物，同时还会根据图像周围的环境与光源自动计算和修复移除部分的图像，从而实现更加完美的图片合成效果。其有两项功能：一是对所选择的内容进行复制，二是对选区内容进行移动。在图像中创建选区，在选区上使用【内容感知移动工具】拖曳鼠标，到合适位置后释放鼠标，此时软件会自动进行计算生成新图像效果。

第七节　修饰图像工具

一、模糊工具

【模糊工具】可以柔化硬边缘或减少图像中的细节。该工具使用的次数越多，图像的模糊效果越明显，如图 4-35 所示。还可以使用滤镜中的模糊命令，对图像进行模糊处理。当局部的模糊效果不容易把握时，可以通过使用【模糊工具】以手绘的形式来完成比较特殊的模糊效果。

图 4-35

二、锐化工具

【锐化工具】是以增加边缘对比度的方式，来增强图像的锐化程度。多次使用该工具在图像某个区域上进行绘制，锐化效果就越明显，如图 4-36 所示。

图 4-36

三、涂抹工具

【涂抹工具】可以模拟手指抹的效果。默认情况下它可以拾取起点的颜色，并沿拖动方向展开这个颜色，可以在选项栏中勾选"手指绘画"选项。它可以将前景色作为起点的颜色进行涂抹，在拖动过程中按下【Alt】键，可以启动"手指绘画"选项，如图 4-37 所示。

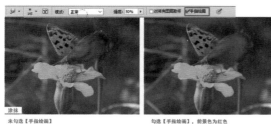

图 4-37

第八节 调节工具

一、减淡工具和加深工具

【减淡工具】和【加深工具】主要用于调节照片特定区域曝光度，可以使图像某个区域变亮或者变暗。要使某个区域变亮，可以进行减淡操作；要使某个区域变暗，可以进行加深操作，如图 4-38 所示。在某个区域上多次使用【减淡工具】和【加深工具】，该区域就会变得更亮或者更暗。

在选项栏中，这两个工具都有 3 个参数：中间调、阴影、高光，它们分别对应色彩中的灰色的中间范围、暗区、亮区。可以通过选择这 3 个参数，单独调整不同的区域对图像进行加深或减淡处理。

图 4-38

二、海绵工具

【海绵工具】可精确地调整绘制区域的色彩饱和度。当图像处于灰度模式时，可使用该工具通过调整灰阶（远离或靠近中间灰色）来增加或降低对比度。在选项栏中，有【饱和】和【降低饱和度】两个模式，不同的选项会产生不同的对比效果，如图 4-39 所示。

图 4-39

第九节 图像编辑设计实例

本节主要学习运用 Photoshop 软件来制作 CD 封面。在绘制过程中，可以巩固前面所学的知识，包括选区工具的运用和图像编辑处理、调整图像尺寸、色彩渐变填充，还要用到图层的基本操作等命令和文字的简单操作，CD 封面完成的最终效果如图 4-40 所示。

执行【文件—新建】命令，或者按下【Ctrl+N】组合键，在【新建】对话框的"名称"栏中输入"我爱大自然 CD 封面"，然后把图像的宽度和高度都设置为 12 厘米，分辨率设置为 200 像素 /

厘米，颜色模式设置为"RGB颜色"，如图4-41所示。

图4-40　　　　　　图4-41

按下【Ctrl+R】组合键显示标尺，或执行【视图—新建参考线】命令，垂直和水平参考线尺寸分别设置为6厘米；打开配套光盘中的第四章素材文件夹，选择"大自然照片"，将其移动至"我爱大自然CD封面"文件中，调整其位置与大小，完成效果如图4-42所示。

图4-42

将前景色设置为R：103，G：217，B：255，点击【魔棒工具】选择天空背景，使用【油漆桶工具】进行渐变填充；选择【仿制图章工具】配合【Alt】键对照片的黑洞进行处理；选择【画笔工具】，将画笔大小设置为82像素，执行【图像—调整—亮度/对比度】命令，将亮度设置为42，完成效果如图4-43所示。

我爱大自然
CD封面制
作视频

图4-43

选择【椭圆选框工具】，按住【Alt+Shift】组合键，以参考线交叉中心点为圆心，同时配合【Shift】键绘制正圆选区；执行【选择—反向】命令，或者按下【Ctrl+Shift+I】组合键反选选区，按下【Delete】键删除图像中不需要的部分，如图4-44所示。

再次执行【选择—反向】命令反选选区，单击【Ctrl+Shift+N】新建图层，将图层命名为"基底"，并将图层移动至大自然图片图层下方；执行【选择—修改—扩展】命令，在弹出的对话框中将扩展量设置为22像素。

选择【工具】面板中的【渐变工具】，点击选项栏上的渐变颜色条，弹出【渐变编辑器】对话框，点击如图4-45所示的"圆形形状"按钮，在弹出的下拉菜单中选择"色谱"选项，在弹出的对话框中，点击【确定】按钮。

图4-44　　　　　　图4-45

在"预设"栏中选择"浅色谱"选项，如图4-46所示，单击【确定】按钮。在当前的扩展选区中从左至右拖曳鼠标，使用浅色谱做出CD光盘反光的效果，完成效果如图4-46所示。

图 4-46　　　　　　　　　　　　　　　　图 4-49　　　　　　　　图 4-50

在【图层】面板中双击"基底"图层，在弹出的【图层样式】对话框中设置【投影】，参数设置如图 4-47 所示，完成效果如图 4-48 所示。

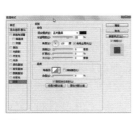

图 4-47　　　　　　　图 4-48

选择【椭圆选框工具】，按住【Alt+Shift】组合键，以参考线为圆心，同时配合【Shift】键绘制正圆选区；单击【图层】面板中"大自然照片"图层，按下【Delete】键，再单击"基底"图层，按下【Delete】键，然后按下【Ctrl+D】组合键取消选区，制作出中心空洞的效果，完成效果如图 4-49 所示。

选择【椭圆选框工具】，按住【Alt+Shift】组合键，以参考线为圆形，同时配合【Shift】键绘制正圆选区；执行【选择—修改—边界】命令，在弹出的【边界选区】对话框中将宽度设置为 20；单击【图层】面板中"大自然照片"图层，按下【Delete】键，然后按下【Ctrl+D】组合键取消选区，制作出基底反射效果，完成效果如图 4-50 所示。

将前景色设置为 R：1，G：97，B：125，选择【文字工具】，或者按下快捷键【T】，输入"我爱大自然"，在选项栏中将文字字体设置为"方正粗宋简体"，字号设置为 16 点；再次使用【文字工具】输入"自然笔记学习光盘"，文字字体设置为"方正宋一简体"，字号设置为 8 点；按下【Alt+Delete】组合键填充前景色，然后将其调整至合适的位置上，完成效果如图 4-51 所示。

图 4-51

第五章
图层

本章导读

　　图层是 Photoshop 的重要内容之一，通过运用图层可以实现在一个图像中对多个对象进行编辑，使设计有条不紊地进行。本章主要介绍图层的基础概念和操作。

精彩看点

● 图层的概念与分类
● 调整图层
● 图层样式
● 图层混合模式
● 智能对象

学习素材

第一节 图层的概念与分类

　　通俗地讲，图层就像是含有文字或图形等元素的胶片，一张张按顺序叠放在一起，组合起来形成图像的最终效果。图层可以将图像上的元素精确定位。图层中可以加入文本、图片、表格、插件，也可以在里面再嵌套图层。

　　在使用 Photoshop 编辑图像时，图层能够帮助我们对图像中的不同内容进行编辑，从而大大增强图像的视觉效果。打开图 5-1 素材文件，如图 5-1 所示。我们可以看出分层图像的最终效果是由多个图层叠加在一起产生的，图层 2 的空白区域是以灰白格的方式显示的，叠加时可以透过透明区域观察到该图层下方图层中的图像。最终产生所有图层叠加在一起的效果，如图 5-2 所示的图层分解特征。

图 5-1

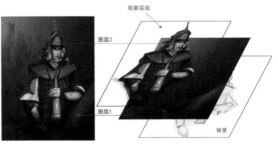

图 5-2

047

图层除了具有分层编辑图像、合成视觉效果功能以外，图层与图层之间还可以进行混合调整，彼此间相互影响。

一、认识【图层】面板

使用【图层】面板，可以快速进行新建图层、复制图层及删除图层等操作。【图层】面板集合了 Photoshop 中大部分的图层操作命令。

执行【窗口—图层】命令或者按下【F7】键，即可打开【图层】面板，如图 5-3 所示。

图 5-3

（一）图层搜索

1.【图层菜单】按钮■：单击此按钮，弹出的下拉列表中包含了大量的操作命令，如合并图层、转换图层等。

2. 类型：单击"类型"选项，在下拉列表中可以快速查找、选择和编辑不同属性的图层，以便显示出同一类型的所有图层，如果单击某一图层类型选项，即可在【图层】面板中仅显示所选类型的图层。单击【过滤图层】按钮■，可以打开或者关闭图层过滤功能。

（二）图层属性区

1. 正常：单击"正常"选项，在弹出的下拉列表中设置图层的混合模式。

2. 不透明度：可以通过数值来调节图层的不透明度，数值越小，图层上的图像越透明。

3. 填充：可以通过改变数值来调整图层中图像的不透明度，数值越小，图层上的图像越透明。

（三）图层缩略图

用来显示图层图像的图标，可以用于快速定位某一图层。

（四）可视控制区

1. 锁定：单击【锁定】按钮，可以分别锁定图层的可编辑性。

2.【可视图标】按钮◉：单击该按钮可以显示或隐藏图层。

（五）图层按钮区

1.【链接图层】按钮：单击此按钮，可以将选中的多个（2 个或 2 个以上）图层链接起来，以便对其统一执行变换、移动等命令。

2.【添加图层样式（fx）】按钮：单击此按钮，即可打开图层样式菜单，接下来就可以对当前选定图层添加图层样式。

3.【添加图层蒙版】按钮：单击此按钮，可以为当前选定图层添加图层蒙版。

4.【创建新的填充或调整图层】按钮：单击此按钮，即可打开调整图层命令菜单，接下来就可以在当前选定图层上创建新的调整图层。

5.【创建新组】按钮：单击此按钮，可以创建新的图层组。

6.【创建新图层】按钮：单击此按钮，可以创建新的图层。

7.【删除图层】按钮：单击此按钮，在弹出的对话框中单击【是】，即可删除当前图层。

二、图层的分类

图层有很多种类型，普通图层是图像分层编辑的基础，除此之外图层还分为矢量图层（智能对象图层、文字图层、形状图层）、像素化图层（填充图层、调整图层、图层样式）等，这些图层的分类为图像编辑提供了更多的方式。

（一）矢量图层

如图 5-4 所示 shall we dance 图层、photoshop 图层、矩形 1 图层就是矢量图层，矢量图层在 Photoshop 中可以无限放大或缩小，图像的清晰度不会改变。

图 5-4

关，始终布满整个画布，它是以黑白蒙版的形式呈现的。

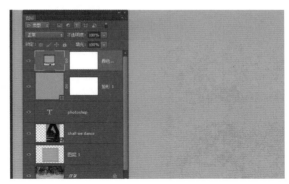

图 5-5

1. 智能对象图层

智能对象图层与其他图层的区别在于，智能对象图层可以像 PSD 格式图像文件一样装载多个图层图像，它和图层组的功能有些类似。不同的是，智能对象图层是以一个链接嵌入外部图像或者是在 Photoshop【图层】面板中把图层转换为智能对象的方式生成。图 5-4 所示的 shall we dance 图层就是智能对象图层，图层缩略图的右下角有一个智能对象图标。

2. 文字图层

文字图层是以大写英文字母"T"缩略图呈现的，使用【文字工具】在图像中单击鼠标左键，即可新建文字图层。图 5-4 所示的 photoshop 图层就是文字图层。

3. 形状图层

使用形状工具在图像中绘制任意图形，即可新建形状图层。图 5-4 所示矩形 1 图层就是形状图层，图层缩略图的右下角有一个矩形图标。

（二）像素化图层

1. 填充图层

填充图层分为纯色填充图层、渐变填充图层和图案填充图层三种类型，执行【图层—新建填充图层—纯色】，或在【图层】面板下方单击【创建新的填充或调整图层】按钮，在弹出的菜单中选择【纯色】选项，即可新建如图 5-5 所示的颜色填充图层，填充图层与图像大小无

2. 调整图层

在【图层】面板下方单击【创建新的填充或调整图层】按钮，在弹出的菜单中选择"色相/饱和度"选项，即可新建如图 5-6 所示"色相/饱和度 1"图层，调整图层可以为图像选择区域做更为精细的调整，并且能直接作用于下方图层。

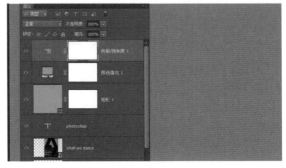

图 5-6

3. 添加图层样式（fx）

添加图层样式（fx）为图像的快速编辑提供了大量的参考命令和参数，在操作的过程中能大大提高工作效率，添加图层样式作为图层的组成部分，为我们编辑处理图像效果提供了便利，如图 5-7 所示。

图 5-7

第二节 图层常用操作

一、新建图层和选择图层

（一）新建图层

单击【图层】面板底部的【创建新图层】按钮，可直接在当前图层上创建一个新图层，或者按下【Ctrl+Shift+N】组合键，弹出【新建图层】对话框，单击【确定】按钮，即可在当前图层上创建一个新图层。我们可以把很多图层放在一个组中，图层组有特殊的穿透模式，该模式体现在图层叠加模式中。

（二）选择图层

打开图 5-2 素材文件，在【图层】面板中使用鼠标单击需要选择的图层或图层组名称，即可选择图层。当图层处于被选择的状态时，文件窗口的标题栏中将显示该图层的名称。选择【工具】面板中的【移动工具】，在图像中单击鼠标右键，在弹出的快捷菜单所罗列出的图层选项中选择相应的图层，如图 5-9 所示。

图 5-8

二、编辑图层

（一）显示 / 隐藏图层

使用鼠标单击【图层】面板上的【可视图标】按钮，即可隐藏该图层。再次单击该按钮可重新显示图层。如图 5-9 所示。

图 5-9

在【可视图标】按钮上点击鼠标左键向下拖动，可以显示 / 隐藏拖动鼠标过程中滑过的所有图层。只有可视图层才可以被打印，所以对文件进行打印输出时，必须保证要打印的图像内容所在的图层为可视状态。

（二）复制图层

复制图层有三种操作方式。

1. 选择需要复制的图层，对其执行【图层—复制图层】命令。

2. 单击【图层】面板右上角的【图层菜单】按钮，在弹出的菜单中执行【复制图层】命令。

3. 使用鼠标将图层拖至【图层】面板下方的【创建新图层】按钮上后释放鼠标。

（三）删除图层

删除图层有四种操作方式。

1. 在【图层】面板中选中图层后单击【图层】面板下方的【删除图层】按钮。

2. 在【图层】面板中选择图层后按下【Delete】键。

3. 在【图层】面板中选择图层，用鼠标将其拖动到【删除图层】按钮处后释放鼠标。

4. 在【图层】面板中选择图层后点击鼠标右键，在弹出的菜单中执行【删除图层】命令。

（四）重命名图层

改变图层的默认名称，有两种操作方式。

1.在【图层】面板中选择需要重命名的图层，执行【图层—重命名图层】命令后，该图层缩略图的右侧显示为可编辑的状态，输入新的图层名称后，单击图层缩略图或者按下【Enter】键。

2.在【图层】面板中双击图层缩略图右侧的图层名称，该图层名称变为可编辑的状态，输入新的图层名称后，单击图层缩略图或者按下【Enter】键。

（五）调整图层顺序

调整图层顺序可以让我们制作出丰富的图像效果。选择图层后按住鼠标左键将其拖动到如图5-10所示位置释放鼠标，得到的效果如图5-11所示。

图5-10　　　　　　图5-11

三、合并图层

使用Photoshop编辑图像时，图层越多，占用的计算机内存越大。在基本完成图像编辑后，可以对一些图层进行合并以节省磁盘空间。对于没有确定的图层最好不要合并，以便后期修改。

（一）合并多个图层

按下【Ctrl】键单击鼠标左键选取要合并的图层，然后按下【Ctrl+E】组合键或者执行【图层—合并图层】命令合并图层。

（二）合并所有图层

合并所有图层是指合并【图层】面板中所有未隐藏的图层。可以执行【图层—拼合图像】命令，或者单击图层面板右上角的【图层菜单】按钮，在弹出的菜单中执行【拼合图像】命令。

若存在隐藏的图层，在执行合并所有图层操作时，会弹出如图5-12所示对话框，如果单击【确定】按钮，则会在合并图层的同时删除隐藏的图层。

图5-12

（三）向下合并图层

如果要合并相邻的两个图层，先选中位于上面的图层，然后执行【图层—向下合并】命令或者单击【图层】面板右上角的【图层菜单】按钮，在弹出的菜单中执行【向下合并】命令。

（四）合并可见图层

合并可见图层是将所有未隐藏的图层或者选中的所有图层合并在一起。执行【图层—合并可见图层】命令，或者单击【图层】面板右上角的【图层菜单】按钮，在弹出的菜单中执行【合并可见图层】命令。

四、智能对象

（一）智能对象的内容

前面简单介绍了智能对象图层的特点，在编辑智能对象图层时，该对象会显示在一个新的图像文件中，和编辑其他图像文件一样，能在该文件中新建、删除、调整图层，设置混合模式、添加图层样式和添加图层蒙版等。除此之外，智能对象的内容还包括矢量图形。

（二）创建智能对象

创建智能对象有很多种方法。

1.执行【文件—置入】命令为当前图像文件置入一个矢量文件或位图文件，该文件也可以是含有多个图层的Photoshop文件。

2.在文件夹中选择文件直接拖入当前图像的窗口内，即可将外部文件以智能对象的形式置入当前图像中。

3. 在 Illustrator 中复制矢量对象，然后在 Photoshop 中进行粘贴，在弹出的对话框中选择【智能对象】选项，单击【确定】按钮即可创建智能对象图层。

4. 选择一个或多个图层后，单击【图层】面板中的【图层菜单】按钮，在弹出的对话框中执行【智能对象】命令或执行【图层—智能对象—转换为智能对象】命令。

打开图 5-3 素材文件，如图 5-13 所示。选择"图层 1"，然后执行【图层—智能对象—转换为智能对象】命令，选择"图层 2"，对其执行上述命令。【图层】面板显示的状态如图 5-14 所示。双击该图层即可弹出可编辑文件。

图 5-13　　　　　　　　图 5-14

（三）复制智能对象

对智能对象进行复制即可创建新的智能对象，它可以是链接关系或非链接关系的智能对象。如果是链接关系的智能对象，无论修改两个智能对象中的哪一个，都会影响另一个。而非链接的智能对象则不会相互影响。

对于链接关系的智能对象操作，可进行以下操作步骤。

1. 打开图 5-3 素材文件，选择图层 1 智能对象图层。

2. 执行【图层—新建—通过拷贝的图层】命令，或者将"图层 1"智能对象图层拖动至【图层】面板底部的【创建新图层】按钮上。通过对图像进行缩放及排列得到如图 5-15 所示的效果。

图 5-15

对于非链接关系的智能对象操作，可执行以下步骤。

1. 选择"图层 1"智能对象图层。

2. 执行【图层—智能对象—通过拷贝新建智能对象】命令。

通过使用该命令复制的智能对象虽然在内容上是相同的，但是它们是相对独立的，如果编辑其中一个智能对象，其他复制的智能对象不会发生变化。

（四）编辑智能对象

我们可以对智能对象进行缩放、旋转、变形等操作，也可以改变智能对象的混合模式、不透明度及添加图层样式。

对智能对象源文件的编辑，可以在外部进行操作。

1. 打开图 5-4 素材文件，在【图层】面板中选择"图层 4"智能对象图层，如图 5-16 所示。

图 5-16

2. 双击智能对象图层或者执行【图层—智能对象—编辑内容】命令，也可以在【图层】面板右上角单击【图层菜单】按钮，在弹出的菜单中执行【编辑内容】命令，即可打开智能对象源文件。

3. 在源文件中进行修改，执行【文件—存储】命令关闭源文件，如图 5-17 所示。

图 5-17

（五）栅格化智能对象

由于智能对象在编辑过程中受到许多限制，如果要对其进行进一步编辑，如使用滤镜特效时，则必须进行栅格化处理将其转换为普通图层。选择智能对象图层，执行【图层—智能对象—栅格化】命令，即可将智能对象图层转换成普通图层。

五、运用图层制作倒影效果实例

1. 打开图 5-5 素材文件。

2. 按下【Alt】键双击【图层】面板中的"背景"图层，将其进行解锁，得到"图层 0"。再按下【Alt】键并使用鼠标将"图层 0"拖至【新建图层】按钮上复制图层，如图 5-18 所示。

3. 选择"图层 0"，执行【图像—画布大小】命令，在弹出的对话框中将高度设置为 24，定位为顶端中心点，如图 5-19 所示。

图 5-18   图 5-19

4. 按下【Ctrl+T】组合键对"图层 0 副本"进行自由变换，在图像上单击鼠标右键，在弹出的菜单中执行【垂直翻转】命令，拖动控制框底部的手柄向下拉长图像，如图 5-20 所示，按下【Enter】键。执行【图像—显示全部】命令，如图 5-21 所示。

图 5-20   图 5-21

5. 选择"图层 0"，按下【Ctrl+E】组合键执行【向下合并】命令，在合并图层上单击鼠标右键，在弹出的快捷菜单中执行【转换为智能对象】命令。

6. 使用【选区工具】，在倒影接缝处向下框选出水面的选区，执行【滤镜—扭曲—波纹】命令，对话框参数设置如图 5-22 所示，局部效果如图 5-23 所示。

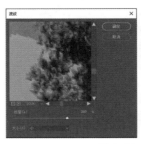

图 5-22   图 5-23

7. 点击【添加图层蒙版】按钮为图层添加图层蒙板。选中【智能蒙版】缩略图，如图 5-24 所示。在【工具】面板中选择【画笔工具】，在状态栏中设置画笔大小，在【智能蒙版】中进行涂抹，隐藏中间部分的波纹效果，如图 5-25 所示。

 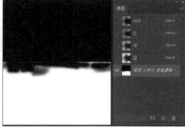

图 5-24　　　　　　图 5-25

8.打开图 5-6 素材文件，使用【移动工具】将其拖至上一步制作的文件内，得到"图层 2"，混合模式设置为【叠加】。为"图层 2"创建调整图层"色阶 1"和"色相 / 饱和度 1"，按下【Ctrl+Alt+G】组合键对"图层 2"进行调整，最终效果如图 5-26 所示。

图 5-26

第三节　图层特效

一、图层不透明度

设置【图层】面板属性区的不透明度数值，可以改变图层的透明度。不透明度为 100% 时，当前图层完全遮盖下方的图层；不透明度小于 100% 时，即可显示下方的图层内容。改变图层的不透明度可以调整图层的整体显示效果。

打开图 5-7 素材文件，对"图层 1"的不透明度进行调节。图 5-27 为图层不透明度是 100% 时的显示效果。图 5-28 为图层不透明度是 50% 时的显示效果。

图 5-27　　　　　　图 5-28

二、图层填充不透明度

与图层不透明度属性不同的是，图层的"填充"属性仅改变当前图层中使用绘图类工具绘制得到的图像的不透明度，而不影响图层样式的透明效果。

打开图 5-8 素材文件，图 5-29 为"图层 1"添加图层样式后的效果。如果将该图层的填充数值设置为 20%，得到如图 5-30 所示效果，可以看出图像中的小提琴变淡了，但图层样式的效果依然存在。如果将图层不透明度设置为 20%，图层的填充数值设置为 100%，可以看出包括图层样式在内的所有效果都变淡了，如图 5-31 所示。

图 5-29

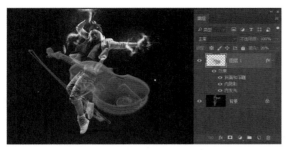

图 5-30

图 5-31

三、调整图层

调整图层是图像在常用调色功能基础上同时兼有图层特征的功能。

（一）【调整】面板

通过【调整】面板创建调整图层时，不需要通过【调整】对话框设置参数，直接在此面板中进行设置即可。

保持图 5-8 素材文件为打开状态，执行【窗口—调整】命令，调出【调整】面板，选择"图层 1"，单击【调整】面板中的【色相 / 饱和度】按钮，或单击右上角的菜单按钮，在弹出的菜单中执行【色相 / 饱和度】命令。如图 5-32 所示。

图 5-32

选中或创建不同的调整图层后，在【调整】面板中显示出对应的属性参数。如图 5-33 所示是在选择了【色相 / 饱和度】调整图层时的属性面板。

调整图层属性面板下方的按钮，对于调整图层有不同的功能解释，如图 5-34 所示。

图 5-33

图 5-34

1.【此调整剪切到此图层】按钮，可在当前调整图层与下面的图层之间创建剪切蒙版，再次单击则取消剪切蒙版。

2.【查看上一状态】按钮，可以预览本次编辑调整图层参数的效果与起始效果对比。

3.【复位到调整默认值】按钮，单击此按钮可以复位到该图层默认的参数状态。

4.【切换图层可见性】按钮，可以控制当前调整图层的显示状态。

5.【删除此调整图层】按钮，单击此按钮，可删除当前的调整图层。

此外在调整图层面板中还有【蒙版】按钮，可以对当前调整图层的蒙版进行编辑，如图 5-35 所示。还可以对蒙版的不透明度和边缘柔化度进行调节。

图 5-35

（二）创建调整图层

创建调整图层有以下三种方法。

1. 执行【图层—新建调整图层—亮度 / 对比度】命令，弹出如图 5-36 所示对话框，单击【确定】按钮即可创建调整图层。

图 5-36

2. 单击【图层】面板底部的【创建新的填充或调整图层】按钮，在弹出的菜单中选择相应的调整命令，然后在【属性】面板中设置参数。

3. 在【调整】面板中单击图标，即可创建调整图层。

（三）重新设置调整图层

选择需要修改的调整图层，双击该图层的图层缩略图，即可在【属性】面板中调整参数。

四、利用调整图层制作黄金摩托车实例

（一）打开图 5-9 素材文件，如图 5-37 所示。

（二）选择【工具】面板中的【磁性套索工具】，沿摩托车的边缘绘制选区，轮胎空隙的部分可以使用【工具】面板中的【魔棒工具】并按住【Shift】键进行加选，选中的效果如图 5-38 所示。

图 5-37

图 5-38

（三）点击【图层】面板底部的【创建新的填充或调整图层】按钮，在弹出的菜单中选择【色彩平衡】命令。

（四）分别对【色彩平衡】对话框中的阴影、中间调、高光进行设置，如图 5-39 至图 5-41 所示。单击【确定】按钮得到如图 5-42 所示效果，同时创建调整图层"色彩平衡 1"，如图 5-43 所示。

图 5-39   图 5-40   图 5-41

图 5-42   图 5-43

五、图层样式

（一）图层样式面板

如果打开的文件有多图层，单击【图层】面板底部的【添加图层样式】按钮，在弹出的

菜单中执行【斜面和浮雕】命令，即可弹出【图层样式】面板，如图5-44所示。

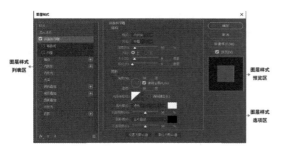

图5-44

原图像

外斜面效果

内斜面效果

浮雕效果

枕状浮雕效果

描边浮雕效果

图5-45

【图层样式】面板在结构上分为三个区域。

1. 图层样式列表区：该区域列出了所有的图层样式，可以选择多个图层样式对图层进行编辑。如果要对某一图层样式的参数进行编辑，直接单击该图层样式的名称，在弹出的对话框中对选项区域相应的参数进行设置。

2. 图层样式选项区：选择不同的图层样式，该区域会显示出与之对应的参数。

3. 图层样式预览区：该区域可以显示出多个图层样式叠加在一起的效果。

4. 【设置为默认值】按钮、【复位为默认值】按钮：【设置为默认值】按钮可以将当前的参数保存为默认的数值，以便下次使用；【复位为默认值】按钮可以将数值复位到之前的默认参数。

（二）斜面和浮雕图层样式

1. 打开图5-10素材文件，执行【图层—图层样式—斜面和浮雕】命令，或者单击【图层】面板底部的【添加图层样式】按钮，在弹出的菜单中执行【斜面和浮雕】命令。

2. 斜面和浮雕图层样式的参数介绍如下。

结构区域内的"样式"选项：可以设置不同的浮雕效果，分别为外斜面、内斜面、浮雕效果、枕状浮雕、描边浮雕。只有在添加了"描边"图层样式时才能制作描边浮雕效果。原图及五种效果如图5-45所示。

结构区域内的"方法"选项：下拉列表内有平滑、雕刻清晰、雕刻柔和3种选项，效果如图5-46所示。

平滑

雕刻清晰

雕刻柔和

图5-46

结构区域内的"深度"选项：拖动滑块，数值越大，效果越明显。

结构区域内的"方向"选项：选择"上"，视觉上表现为凸起效果；选择"下"，视觉上表现为凹陷效果。

结构区域内的"大小"和"软化"选项：此参数控制斜面与浮雕的深度和柔和程度，拖动滑块数值越大，深度越深，柔和程度越大。

阴影区域内的"角度"与"高度"选项：此参数设置斜面和浮雕的光源角度与光源高度，可以调节任意角度发出的光的数值。

阴影区域内的"光泽等高线"选项：Photoshop中提供了很多预设的等高线类型，选择任意一个等高线能制作出不同的浮雕效果。另外，单击光泽等高线预览框，在弹出的光泽等高线编辑器中可以自定义编辑所需要的等高线。

阴影区域内的【高光模式】和【阴影模式】选项：这两个下拉菜单，可以为形成斜面和浮雕效果的高光与阴影区域选择不同的混合模式，制作出不同的浮雕效果。单击右侧的色块，在弹出的【拾色器】对话框中为高光和阴影区域设置不同的颜色。

（三）描边图层样式

【填充类型】区域有颜色、渐变和图案三种类型描边图层样式。打开图 5-11 素材文件，执行【图层—图层样式—描边】命令。如图 5-47 为原图像，图 5-48 为使用描边图层样式制作出的模拟金属边缘的效果。

图 5-47　　　　　图 5-48

（四）内阴影图层样式

使用内阴影图层样式，可以为图层中的图像内边缘添加阴影，使图像呈现出凹陷效果，如图 5-49 所示为设置了内阴影的图像效果。

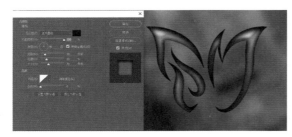

图 5-49

（五）内发光图层样式

使用内发光图层样式，可以为图层中的图像添加内发光效果。打开图 5-12 素材文件，执行【图层样式—内发光】命令。如图 5-50 至图 5-52 所示依次为原图像及分别为图像中的小提琴添加纯色光和渐变色光后的对比效果图。

图 5-50

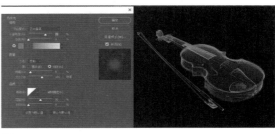

图 5-51

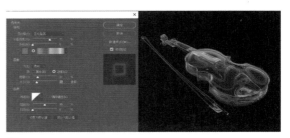

图 5-52

（六）光泽图层样式

使用光泽图层样式可以在图层内部根据图层的形状应用投影，创建光滑的光泽度和金属效果。打开图 5-13 素材文件，如图 5-53 所示。执行【图层—图层样式—光泽】命令，添加光泽图层样式效果，可以尝试调整光泽图层样式中的等高线等参数，效果如图 5-54 所示。

图 5-53

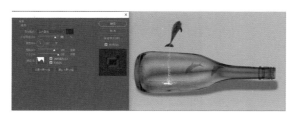

图 5-54

（七）颜色叠加、渐变叠加、图案叠加图层样式

使用颜色叠加图层样式，可以为图层叠加某种颜色。选择一种颜色后，再调整混合模式及不透明度即可。

使用渐变叠加图层样式，可以为图层叠加渐变效果，如图 5-55 所示为图像添加渐变叠加图层样式后的对比效果。选择【样式】中的【线性】样式和【混合模式】中的【叠加】效果，勾选"与图层对齐"选项。

图 5-55

使用图案叠加图层样式，可以为图层叠加图案。如图 5-56 所示为为艺术文字添加了图案叠加图层样式前后的对比效果。

图 5-56

（八）外发光图层样式

使用外发光图层样式，可以为图层添加单色、渐变等发光效果，参数的设置方法与内发光图层样式相同。如图 5-57 所示为图层中的图像添加了外发光图层样式前后的对比效果。

图 5-57

（九）投影图层样式

打开图 5-14 素材文件，使用投影图层样式，为图层添加投影效果。通过设置"扩展"与"大小"数值，可以改变投影的强度和清晰度。选择不同的等高线，可以制作出不同的投影效果，如图 5-58 所示。

图 5-58

（十）复制与粘贴图层样式

如果需要为两个图层设置相同的图层样式，可以通过使用复制与粘贴图层样式的方法以避免重复操作。

1. 选择【图层】面板中需要复制图层样式的图层。

2. 执行【图层—图层样式—拷贝图层样式】命令，或者在当前图层上单击鼠标右键，在弹出的菜单中执行【拷贝图层样式】命令。

3. 在【图层】面板中选择需要粘贴图层样式的目标图层。

4.执行【图层—图层样式—粘贴图层样式】命令，或者在图层上单击鼠标右键，在弹出的菜单中执行【粘贴图层样式】命令。还可以按住【Alt】键直接将图层样式拖动至目标图层中，复制并粘贴图层样式。

（十一）删除图层样式

删除图层样式后将取消图层样式效果，有以下两种方式。

1.删除某个图层上的某一图层样式，在【图层】面板中选择该图层样式，将其拖曳至【删除图层】按钮上，也可以在图层上单击鼠标右键，在弹出的菜单中执行【清除图层样式】命令。

2.删除某个图层上的所有图层样式，可以在【图层】面板中选择该图层，并执行【图层—图层样式—清除图层样式】命令。也可以在【图层】面板中选择该图层下方的【效果】，然后将其拖曳至【删除图层】按钮上。

六、图层混合模式

在 Photoshop 中，几乎在每一种绘画及编辑工具中都有【混合模式】选项，混合模式在【图层】面板中占据了重要位置。丰富多彩的图像效果的制作离不开图层混合模式。由于工具面板中的画笔、铅笔、仿制图章、加深减淡工具都具有【混合模式】选项，并且使用方法与图层中的混合模式相同，因此本章主要介绍图层中的混合模式。

单击图层混合模式右侧的三角形，弹出混合模式下拉菜单，如图 5-59 所示。

（一）图层混合模式选项框

图层混合模式菜单中列出了 27 种不同效果的混合模式，下面我们来介绍并说明一下这 27 种混合模式，以"图层 1"作为背景层上方的一个图层为例。

1.正常："图层 1"的混合模式为【正常】时，"图层 1"可以完全遮盖背景层。

2.溶解："图层 1"的混合模式为【溶解】时，也表现为完全遮盖背景层，但不透明度数

图 5-59

值会降低。

3.变暗："图层 1"的混合模式为【变暗】时，两个图层较暗的区域会进行混合，两个图层较亮的区域则被替换。

4.正片叠底："图层 1"的混合模式为【正片叠底】时，显示为两个图层较暗的颜色，任何颜色与图像中的黑色混合将产生黑色，任何颜色与图像中的白色混合后该颜色保持不变。

5.颜色加深："图层 1"的混合模式为【颜色加深】时，除了黑色区域外，其他颜色对比度将降低，产生背景层图像透过"图层 1"图像的效果。

6.线性加深："图层 1"的混合模式为【线性加深】时，"图层 1"将根据背景层图像的灰阶程度互相混合。

7.深色："图层 1"的混合模式为【深色】时，"图层 1"将根据图像的饱和度，直接遮盖背景层的暗调区域颜色。

8.变亮："图层 1"的混合模式为【变亮】时，"图层 1"的暗调区域变透明，通过混合亮调区域，使图像更亮。

9.滤色："图层 1"的混合模式为【滤色】时，"图层 1"的暗调区域变透明，并显示背景层的颜色，高光区域混合后会使图像变得更亮。

10. 颜色减淡："图层1"的混合模式为【颜色减淡】时，"图层1"会根据背景层的颜色灰阶程度变亮，再与背景层混合。

11. 线性减淡（添加）：图层1的混合模式为【线性减淡】时，图层1在根据背景层的灰阶程度变亮的同时，使图像对比度减弱后，再与背景层混合。

12. 浅色：图层1的混合模式为【浅色】时，与【深色】模式相反，图层1会根据图像的饱和度，直接遮盖背景层的高光区域颜色。

13. 叠加：图层1的混合模式为【叠加】时，图层1的高光和暗调区域将保持不变，只混合中间调。

14. 柔光：图层1的混合模式为【柔光】时，图像呈现柔和的效果，灰阶的亮调与中间调区域会更亮，灰阶暗调区域会更暗。

15. 强光：图层1的混合模式为【强光】时，灰阶的亮调与中间调区域会更亮，灰阶暗调区域会更暗。与【柔光】模式不同之处在于图像的对比度会更大。

16. 亮光：图层1的混合模式为【亮光】时，根据混合颜色的灰度减小对比度，达到提亮或调暗图像的效果。

17. 线性光：图层1的混合模式为【线性光】时，根据混合颜色的灰度，减小或增加亮度。

18. 点光：图层1的混合模式为【点光】时，如果混合后的颜色比中间灰度亮，则替换比混合色暗的像素，不会改变比混合色亮的像素。

19. 实色混合：图层1的混合模式为【实色混合】时，根据上下图层的图像颜色分布情况，取两者的中间值，对图像中相交的区域进行填充，可以制作具有较强对比度的色块效果。

20. 差值：图层1的混合模式为【差值】时，图层1的亮调将背景层的颜色进行反相，表现为补色关系，暗调区域会将背景层的颜色正常显示出来。

21. 排除：图层1的混合模式为【排除】时，混合方式与【差值】模式类似，只是对比度相对弱一些。

22. 减去：图层1的混合模式为【减去】时，会将图层1的亮调区域反相后与背影层混合。

23. 划分：图层1的混合模式为【划分】时，可以在图层1中加入背景层相应位置的颜色值，使图像变亮。

24. 色相：图层1的混合模式为【色相】时，由背景层的亮度、饱和度与图层1的色相融合决定。

25. 饱和度：图层1的混合模式为【饱和度】时，由背景层的亮度、色相与图层1的饱和度融合决定。

26. 颜色：图层1的混合模式为【颜色】时，由背景层的亮度与图层1的色相、饱和度融合决定。

27. 明度：图层1的混合模式为【明度】时，由背景层的色相、饱和度与图层1的亮度融合决定。

（二）制作柔焦照片实例

柔焦照片广泛用于商业图像处理，本案例主要介绍通过使用图层混合模式与高斯模糊滤镜来制作柔焦照片。

1. 打开图5-15素材文件，如图5-60所示。选择"背景图层"，按下【Ctrl+J】组合键，对背景图层进行复制，创建"图层1"，执行【滤镜—模糊—高斯模糊】命令，在弹出的对话框中将模糊参数设置为7，如图5-61所示。

图 5-60

图 5-61

2.将"图层1"的混合模式设置为【滤色】，不透明度设置为80%，效果如图5-62所示。

图 5-62

3.按【Ctrl+J】组合键复制"图层1"得到"图层1拷贝"。将"图层1拷贝"的混合模式设置为【柔光】，效果如图5-63所示。执行【图像—调整—曲线】命令，调整"图层1拷贝"的曲线以加强对比度，效果如图5-64所示。

图 5-63

柔焦距照片处理操作视频

图 5-64

（三）运用图层混合模式调整照片效果实例

1.打开图5-16素材文件，如图5-65所示。该图像整体偏暗，下面我们通过使用图层混合模式来解决这一问题。

2.复制背景图层得到"背影副本"，将"图层1"的混合模式设置为【滤色】，将不透明度设置为70%，降低图层的亮度，效果如图5-66所示。

图 5-65

图 5-66

　　3. 对"背影副本"进行复制得到"背影副本 2"，将图层副本的混合模式设置为【柔光】，将不透明度设置为 30%，略增加图像的对比度和饱和度，效果如图 5-67 所示。

图 5-67

运用图层
混合模式
调整图像
操作

第六章
路径和矢量图形

本章导读

　　本章主要学习 Photoshop CS6【路径工具】和【矢量图形工具】的应用。用户利用【路径工具】可以准确、轻松地控制图形形状，创建出精美的图形效果，因此【路径工具】在标志设计和绘制图形领域被广泛应用。用户可以直接使用【矢量图形工具】在图像中创建软件自带的图形。【矢量图形工具】与【路径工具】关系密切，使用【矢量图形工具】创建形状的同时也创建了路径，而使用【路径工具】修改路径时，形状也会发生改变。

精彩看点

- 【形状工具】的应用
- 路径的构成
- 【钢笔工具】与【自由钢笔工具】的使用方法
- 路径的编辑与【选择工具】的使用方法
- 【路径】面板的详细介绍
- 路径与选区之间的转换

第一节　矢量图形工具

　　Photoshop CS6 的【工具】面板中的【形状工具】和【路径工具】可以用来绘制和编辑矢量图形。【形状工具】包括矩形、圆角矩形、椭圆、多边形、直线和自定义形状工具，利用【形状工具】可以绘制矢量路径或生成基于矢量图形的形状图层，也可以直接绘制填充好像素的位图图案；【路径工具】则包括【钢笔工具】和【路径选择工具】，用于创建路径或生成矢量形状图层。

一、形状工具

（一）形状工具的基本选项

　　【工具】面板中的【形状工具】如图 6-1 所示。新建文件，然后使用【矩形工具】在绘图区绘制矩形；使用【圆角矩形工具】绘制圆角矩形，在选项栏中将"半径"设置为 30 像素；使用【椭圆工具】，在图像中创建椭圆。效果如图 6-2 所示。

学习素材

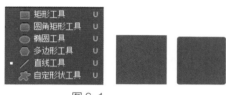

图6-1　　　　　　　　　　　图6-2

二、矢量图形绘制方法及参数讲解

（一）使用【自定形状工具】绘制矢量图形

在【工具】面板中选择【自定形状工具】，然后在绘图区单击鼠标左键，拖动到合适的位置后释放鼠标，这样就完成了矢量图形的创建，如图6-3所示。

图6-3

【自定形状工具】对应的选项栏如图6-4所示。

图6-4

下面介绍【自定形状工具】中弹出式面板的部分参数。

不受约束：选择此项，在使用【自定形状工具】绘制图形时，图形的宽度和高度比例由鼠标拖曳范围决定。如果要绘制矩形、圆角矩形、圆形和定义比例的自定义形状，在拖动鼠标的同时按下【Shift】键即可。

固定大小：选择此项，会激活右侧对应的宽度和高度文本框，在文本框中输入数值，即可定义矩形、圆角矩形、椭圆或自定形状的大小，然后直接使用鼠标单击绘图区域即可完成绘制，不需要通过拖曳鼠标完成。

定义的比例：选择此项，同样会激活对应的宽度和高度文本框，与"固定大小"选项不同，这里输入的数值表示宽度和高度的比例，输入完成后，需要在图像中通过拖曳鼠标来绘制图像。

从中心：勾选此项，将会从中心开始绘制形状。另一种从中心绘制形状的方法是，在图像中先单击鼠标确认形状起点，然后按下【Shift】键拖曳鼠标即可。

（二）使用【多边形工具】绘制五角星

【多边形工具】主要用于创建边长相同的正多边形。设置好参数并确定图形位置后，单击鼠标左键并拖动此时可以上下左右拖动，还可以顺时针或者逆时针旋转拖动，松开鼠标即可创建多边形形状。

提到【多边形工具】，我们可能都会想到五角星。我们可以运用【多边形工具】绘制出很多别具特色的星形图案，例如海星和正五角星。

在【多边形工具】选项栏中的"边"文本框中输入数值即可指定多边形的边数，该数值要求必须是3和100之间的整数。在如图6-5所示弹出式面板中还可以设置多边形的外形。

图6-5

半径：默认情况下，这个文本框是空的，表示绘制图形的半径会根据鼠标拖曳的范围来决定。如果在其中输入数值，系统将自动计算出多边形的大小，数值越大，多边形也就越大。

星形：勾选该选项，多边形就会变成星形，实际上是将多边形的每条边向多边形中心移动，生成新的角，我们将这个向内移动的点称为"缩进点"，缩进点向内移动而形成的角称为"缩进角"，原始的角称为"拐角"。

平滑拐角和平滑缩进：分别对缩进角和拐角进行平滑处理。只有在勾选了"星形"复选框后平滑缩进才会被激活。

缩进边依据：勾选"星形"复选框后，缩进边依据才能被激活。这里的百分比，是指缩进点向多边形中心缩进的距离与半径的比值，取值范围为 1%~99%。如果该值为 50%，则代表缩进点向内缩进 50%，也就是半径的一半；如果该值大于 50%，则代表缩进点缩进的距离大于半径的一半，形成的拐角则更加尖锐；如果该值小于 50%，则表示缩进点缩进的距离小于半径的一半，形成的拐角则更大，适合表现卡通形状的星形，如图 6-6 所示。

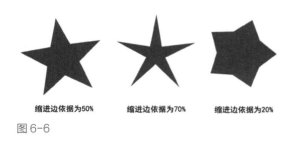

缩进边依据为50%　　缩进边依据为70%　　缩进边依据为20%

图 6-6

（三）使用【直线工具】绘制箭头

选择【直线工具】，在选项栏中的"粗细"文本框中输入数值（该数值以像素为单位），然后在绘图区按下鼠标左键，确定直线的起点，然后将鼠标拖曳到终点位置后释放。在绘制过程中，按住【Shift】键，能绘制出水平、垂直或者以 45 度角为坡度的直线。

使用【直线工具】还可以绘制出带箭头的直线。选择【直线工具】，在选项栏中单击按钮，在弹出的【箭头】面板中勾选【起点】复选框，这样就可以在直线的起点处添加箭头；勾选【终点】复选框，即可在直线的终点处添加箭头；同时勾选两个选项，可以在箭头两端都添加箭头，如图 6-7 所示。

宽度和长度：以直线宽度的百分比指定箭头的比例，宽度的取值范围为 10%~1000%，长度的取值范围为 10%~5000%。

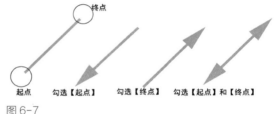

起点　　　勾选【起点】　　勾选【终点】　　勾选【起点】和【终点】

图 6-7

凹度：定义箭头最宽度的凹凸程度，也就是箭头和直线的连接处的拐角大小，该参数的取值范围是 -50%~+50%，如图 6-8 所示。

图 6-8

（四）绘制自定义形状

【自定义形状工具】是【形状工具】中最有趣一种，我们可以将软件中已经定义好的形状绘制在图像中，绘制方法及参数设置与其他【形状工具】完全相同。但为什么说它是最有趣的呢？因为我们可以直接调用软件中默认的 13 个形状库，包括各种各样的箭头、可爱的动物、丰富的装饰品等。

在选项栏中单击形状右侧"三角形"按钮，在弹出的面板中选择形状。如果当前形状无法满足制作要求，可单击面板右上角的按钮，在弹出的菜单中执行【全部】命令，即可将形状库中的全部形状载入软件中。同时，在菜单中的形状库管理区，还可以对库进行复位和储存，如图 6-9 所示。

（五）保存与调用自定义形状

如果形状库的形状无法满足要求，此时我们可以在库中定义想要的形状，具体的操作步骤如下。

首先选择形状图层的矢量蒙版，然后执行【编辑—定义自定形状】命令，如图 6-10 所示。

在弹出的【形状名称】对话框中输入自定义形状的名称，单击【确定】按钮，这样新形状就被保存在形状面板中了。

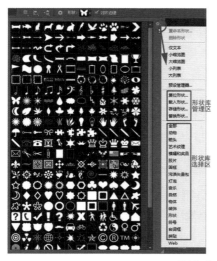

图 6-9

图 6-10

图 6-11

第二节 【形状工具】的绘制模式

创建矢量形状时需要选择绘制模式，【形状工具】选项栏中有像素、路径、形状 3 种绘制模式。选择【形状】模式，则生成基于矢量图形的形状图层；选择【路径】模式，则生成矢量路径；选择【像素】模式，则生成位图图像，如图 6-11 所示。

绘制模式同样适用于路径绘制工具，需要时在选项栏中选择一种绘制模式即可。但是使用【钢笔工具】时不能选择像素模式。

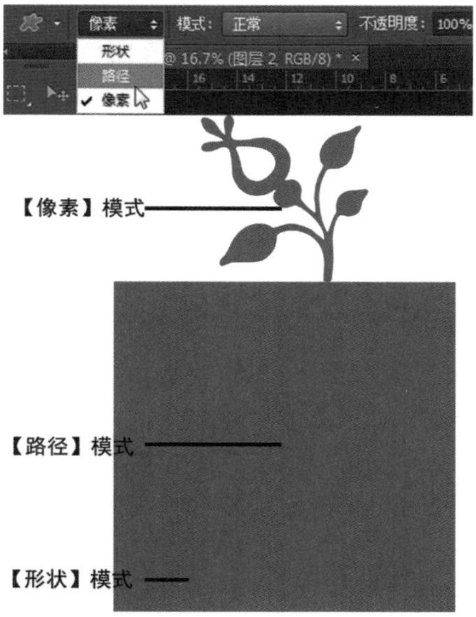

一、【形状】模式

选择该模式创建矢量形状时，可以使用【形状工具】或【钢笔工具】来创建形状图层，以便我们移动、对齐、分布形状图层及调整形状大小。在【形状】模式下，可以在图层中绘制单独的多个形状，如图 6-12 所示。

图 6-12

二、【路径】模式与【像素】模式

【路径】模式：我们可以在【路径】面板中编辑和修改路径，修改完成后再切换至【图层】面板，为当前图层创建选区和矢量蒙版，或者对其进行填充和描边。可以对工作路径进行保存，以便随时调用，如图 6-13 所示。

【像素】模式：可以直接在当前图层上绘制图案，其与绘画工具的功能非常相似。在此模式下，创建的是栅格化的图像，即位图图像而不是矢量图形。我们可以使用处理位图图像的方法来处理该模式下绘制的形状．在此模式下只能使用【形状工具】，而不能使用【路径工具】，如图 6-14 所示。

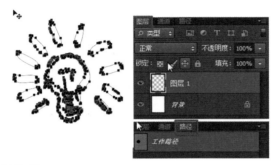

图 6-13

图 6-14

第三节 路径工具

平面设计中包含两类图形图像，一类是由像素组成的位图，每个像素中包含该位置的颜色和亮度值；另一类是基于数学表达式的矢量图，它与像素无关，图像的形状和颜色信息均由数学表达式进行描述。比较而言，矢量图形的文件比较小，而且不论放大还是缩小，边缘始终保持清晰，但其对亮度和颜色的表达却远

不如位图图像，很难绘制出写实性的画面效果。Photoshop 是一款位图编辑软件，但其中也包含一些矢量图形工具，以辅助位图图像的绘制与编辑。提及矢量图形工具，不得不谈到"路径"这个概念，利用矢量图形工具绘制的轮廓或线条，被称之为路径，通过编辑路径上的锚点，可以得到想要的任意图形。

一、路径构成

路径是由多个锚点组成的矢量线条，它并不是图像中真实存在的像素，而只是一种绘图的依据。利用 Photoshop CS6 所提供的路径创建及编辑工具，可以编辑制作出各种形态的路径。路径一般用于对描边、填充及与选区间的转换等，其精度高，便于调整，我们常使用路径的功能来创建一些特殊形状的图像效果。路径构成如图 6-15 所示，其中平滑点和角点都属于路径的锚点。

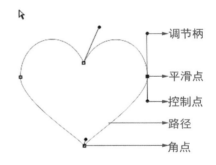

图 6-15

（一）锚点

路径上的一些矩形小点，称之为锚点。锚点标记路径上线段的端点、位置和形态，编辑这些锚点可以对路径进行调整。

（二）平滑点和角点

路径中的锚点有两种，一种是平滑点，一种是角点，如图 6-15 所示。平滑点两侧的调节柄在一条直线上。而角点两侧的调节柄不在一条直线上，直线组成的路径没有调节柄，但也属于角点。

（三）调节柄和控制点

当平滑点处于被选择状态时，其两侧各有一个调节柄，调节柄两边的端点为控制点，移动控制点的位置可以调整平滑点两侧路径的形态。

（四）工作路径和子路径

路径的全称是工作路径，一个工作路径可以由一个或多个子路径构成。在图像中每次使用【钢笔工具】或【自由钢笔工具】创建的路径都是一个子路径。完成所有子路径的创建后，使用【路径选择工具】框选所有子路径，再在选项栏中对其进行编辑。图 6-16 就是一个工作路径，其中四边形路径、三角形路径和曲线路经都是子路径，它们共同构成了一个工作路径。可以对同一个工作路径中的子路径进行计算、对齐、分布等操作。

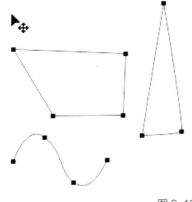

图 6-16

Photoshop 中提供了创建及编辑路径的工具组。

一组是【钢笔工具】，包括【钢笔工具】、【自由钢笔工具】、【添加锚点工具】、【删除锚点工具】和【转换点工具】，这组工具主要用于对路径进行创建和编辑。另一组是【路径选择工具】，包括【路径选择工具】和【直接选择工具】，这组工具主要用于对路径和路径上的控制点进行选择与编辑。

【钢笔工具】和【自由钢笔工具】的快捷键为【P】，【路径选择工具】和【直接选择工具】的快捷键为【A】。

二、钢笔工具

【钢笔工具】主要用于在图像中创建工作路径或形状，下面先来学习【钢笔工具】的使用方法和功能。创建路径的基本操作方式有以下四种。

（一）选择【钢笔工具】，鼠标光标显示为钢笔形状，在画布中将鼠标光标移动至合适的位置连续点击鼠标键，即可创建由线段构成的路径，如图 6-17 所示。按住【Shift】键可以将创建路径线段的角度限制为 45℃的倍数。

（二）在画布中将鼠标光标移动至合适的位置单击并拖曳鼠标，将路径形态调整到合适的状态后释放鼠标即可创建锚点为平滑点的曲线路径，如图 6-18 所示。

（三）拖曳出调节柄的同时，按住【Alt】键再次拖曳鼠标，即可创建锚点为角点的曲线路径，如图 6-19 所示。继续绘制曲线，如图 6-20 所示。

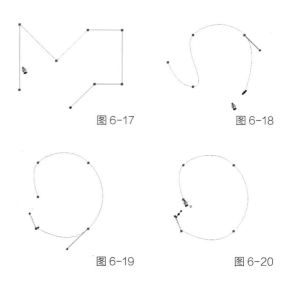

图 6-17　　　　　　图 6-18

图 6-19　　　　　　图 6-20

（四）创建一段路径后，将鼠标移至起点位置，当光标右下角出现圆圈时单击鼠标左键即可闭合路径。

要点提示：创建了一段未闭合的路径后按

住【Ctrl】键，再在画布中任意位置单击鼠标左键即可终止路径创建，生成不闭合的路径。

三、【钢笔工具】选项栏

在工具面板中选择【钢笔工具】，选项栏如图 6-21 所示，各部分功能介绍如下。

图 6-21

【形状】模式：在画布中可同时创建形状和路径，创建的图形和【图层】面板如图 6-22 所示。

图 6-22

【路径】模式：选择该模式，在画布中只创建新的工作路径，并将路径保存在【路径】面板中，创建的路径和【路径】面板如图 6-23 所示。

图 6-23

【像素】模式：在使用【钢笔工具】时，该模式处于不可用状态。只有在使用【形状工具】、【钢笔工具】时该模式才可用。

勾选【自动添加 / 删除】复选项，即可直接在路径上添加或删除锚点。

只有选择【路径】模式，【建立】按钮组才处于可用状态，但矩形新建图层按钮被隐藏，此时可以对同一个工作路径中的子路径进行计算。

四、自由钢笔工具

可以使用【自由钢笔工具】在画布中绘制任意形状，就像用笔在纸上绘图一样。与【钢笔工具】不同，使用【自由钢笔工具】绘图系统会自动添加锚点，不需要人为地确定锚点的位置，完成路径绘制后还可以对这些自动生成的锚点进行调整。【自由钢笔工具】的基本操作方式如下。

（一）在【工具】面板中选择【自由钢笔工具】，在画布中拖曳鼠标，鼠标光标滑过的轨迹自动生成路径。将鼠标光标移至起点位置，当光标右下角出现圆圈时，单击鼠标键即可闭合路径。

（二）选择【自由钢笔工具】，在画布中拖曳鼠标，按住【Ctrl】键后释放鼠标，可以直接生成一个闭合路径。【自由钢笔工具】的选项栏和【钢笔工具】选项栏基本相似，这里不再详细介绍。选择【工具】面板中的【自由钢笔工具】，再在选项栏中选择【路径】模式，此时只显示【钢笔工具】的选项，而不再显示【形状工具】的选项。

五、添加锚点工具与删除锚点工具

如果没有勾选【钢笔工具】选项栏中的【自动添加 / 删除】复选项，用户则可以使用【添加锚点工具】和【删除锚点工具】添加或删除锚点。

六、转换点工具

路径上的锚点有两种类型，即角点和平滑点，二者可以互相转换。选择【转换点工具】单击路径上的平滑点就可以将其转化为角点；使用鼠标拖曳路径上的角点，可将其转化为平滑点。

七、路径选择工具与直接选择工具

（一）【路径选择工具】的选项栏与功能

可以使用【路径选择工具】对路径进行选择、移动、对齐和复制等操作。当子路径上锚点全部显为黑色时，表示该子路径处于被选择状态。【路径选择工具】选项栏如图6-24所示，各项功能介绍如下。

路径对齐方式

路径操作 路径排列方式

图6-24

按下【Ctrl+T】组合键可以对被选择的路径或子路径执行【自由变换】命令。

选择【路径操作】按钮，该按钮下有4个选项可以设置子路径的计算方式，即对路径进行合并、减去、相交和排除（保留不相交的路径）的计算。选择【路径对齐方式】按钮，该按钮下的前6个选项只有在同时选择两个以上的子路径时才可用，在垂直方向上它们可以对被选择的路径进行顶边对齐、垂直居中对齐和底边对齐，在水平方向上进行左边对齐、水平居中对齐和右边对齐。第7、第8个选项只有在同时选择了3个以上的子路径时，在垂直方向上依路径的顶边、垂直居中、底边，以及在水平方向上依路径在左边、水平居中、右边进行均匀分布。

选择【路径选择工具】，单击子路径对其进行选择。

在画布中拖曳鼠标，鼠标光标框选范围内的子路径可同时被选中。

按住【Shit】键，使用鼠标依次单击子路径，可以对路径进行加选。

在画布中拖曳被选择的子路径，可以对其进行移动。

按住【Alt】键使用鼠标拖曳被选择的子路径，可以对该子路径进行复制。

按住【Ctrl】键，在画布中选择路径，此时【路径选择工具】被切换为【直接选择工具】。

（二）【直接选择工具】的功能

【直接选择工具】没有选项栏，使用【直接选择工具】可以选择和移动路径、锚点以及控制平滑点两侧的控制点。使用【直接选择工具】可以对路径和锚点进行以下几种操作。

单击可以对子路径上的锚点进行选择，被选择的锚点显示为黑色。

在画布上拖曳鼠标，鼠标光标框选范围内的锚点可以被同时选中。按住【Shift】键，可以对锚点进行加选；按住【Alt】键后使用鼠标单击子路径，可以选择整个子路径，鼠标单击子路径后向外拖曳，可对子路径进行复制；在图像中拖曳两个锚点间的一段路径可以直接调整这一段路径的形态；在图像窗口中拖曳被选择的锚点可以移动该锚点的位置；拖曳平滑点两侧的控制点，可以改变平滑点两侧曲线的形态。

第四节 路径面板

这里所讲解的路径不是图像中的真实像素，而只是一种绘图的依据。在【路径】面板中对路径进行描边和填充，【路径】面板的构成及功能介绍如图6-25所示。

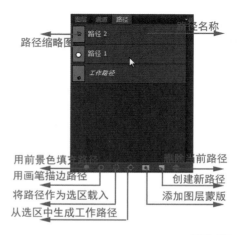

图6-25

在【路径】面板中除了可以对路径进行描边和填充以外，还可以对路径进行新建、复制、删除以及与选区进行转换等操作，这些功能都大大提高了制作路径的效率。由于使用路径制作图像和建立选区的精确度较高且便于调整，因此在图像处理中被广泛应用。

选择路径：一般情况下我们通过在【路径】面板中选择对应的路径名来显示路径，并且每次只能选择一个路径。

取消选择路径：在【路径】面板的空白处点击鼠标左键即可。

更改路径缩览图的大小：在【路径】面板菜单中选择【面板选项】，在弹出的【路径面板选项】中选择缩览图的大小。选择面板中的"无"，即可关闭缩览图显示。

【路径】面板中的基本操作

单击【路径】面板右上角菜单按钮，在弹出菜单中执行【新建路径】和【存储路径】命令，如图 6-26 至图 6-28 所示。

图 6-27

图 6-28

图 6-26

【复制路径】命令：选择【路径】面板中的【复制路径】命令，在弹出的【复制路径】对话框中对其进行命名，如图 6-29 所示，点击【确定】按钮即可对当前路径进行复制。

图 6-29

【删除路径】命令，选择需要删除的路径，在【路径】面板菜单栏中执行【删除路径】命令即可对其进行删除。

【建立工作路径】命令，只有在画布中选择路径并对其执行【建立选区】命令，弹出【建立选区】命令才可用。在【路径】面板菜单栏中执行该命令，弹出的对话框如图 6-30 所示，其中"容差"值用来设置选区转换为路径的精确程度。

【建立选区】命令，选择路径，在【路径】面板菜单栏中执行【建立选区】命令，弹出【建立选区】对话框，如图 6-31 所示。

图 6-30   图 6-31

【填充路径】命令，对要进行填充的路径执行【填充路径】命令，填充的颜色为前景色，弹出如图 6-32 所示对话框。

【描边路径】命令，对要进行描边的路径执行【描边路径】命令，在弹出的【描边子路径】对话框"工具"下拉列表中选择描边工具，如图 6-33 所示。

图 6-32    图 6-33

第五节 路径与形状设计实例

为了巩固前面所学知识，下面来学习如何利用形状和路径工具绘制如图 6-34 所示的图形。该案例具有一定的代表性，读者可以多进行练习，然后举一反三绘制出更多有趣的图形。不管多复杂的图形，它们都是由圆形、矩形或线段等基本形元素构成的，在进行创作前要对该图形进行仔细分析。本案例制作所需的基本要素是椭圆形，在此基础上进行路径修改重构，建立选区，填充颜色，针对图案进行镜像完成图形的创建。

图 6-34

（一）选择【文件】菜单中的【新建】命令，或者按下快捷键【Ctrl+N】，打开【新建】对话框，输入图像的名称"装饰镜框图案制作"，然后把图像的"宽度"设置为 21 厘米；"高度"设置为 10 厘米；分辨率设置为 200 像素／厘米；图像"模式"设置为"RGB 颜色"。新建图层将其命名为【绘制路径】，选择【路径工具】中的【椭圆工具】或者按下快捷键【U】直接进行绘制，如图 6-35 所示。

图 6-35

（二）使用【路径选择工具】选择椭圆形路径，按下【Ctrl+C】组合键对其进行复制，再按下【Ctrl+V】键进行粘贴。

（三）选择复制好的路径，按下【Ctrl+T】组合键执行【自由变换】命令，再按下【Shift+Alt】组合键对复制的路径进行水平放大，放大后的效果如图 6-36 所示。

（四）选择外层的路径，使用【添加锚点工具】根据需要添加 6 个锚点，调整并移动锚点的位置，选择并拖动控制点调整路径形状，绘制完成的路径如图 6-37 所示。

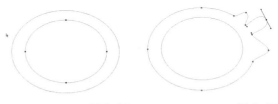

图 6-36　　　　　　　图 6-37

（五）选择【路径选择工具】，在画布中使用鼠标框选所有路径，单击选项栏中的【排除重叠形状】选项，再选择【合并形状组件】选项，完成路径组合造型。选择路径单击鼠标右键选择【建立选区】或者按下【Ctrl+Enter】组合键将路径转换为选区，如图 6-38 所示。

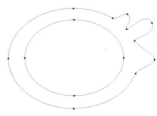

图 6-38

（六）选择路径，单击鼠标右键，在弹出的菜单中执行【建立选区】命令，将前景色设置为 R:1，G:100，B:157，然后按下【Alt+Delete】组合键进行填充，效果如图 6-39 所示。

图 6-39

路径运用实践案例操作视频

073

（七）使用【工具】面板中的【魔棒工具】选择镜片中心位置，将前景色设置为 R:105，G:89，B:158，使用【渐变工具】进行填充；再次单击【图层】面板下方的【添加图层样式】按钮，在弹出的菜单中选择【描边】，将描边颜色设置为"白色"，大小设置为"10 像素"，勾选"内阴影"，效果如图 6-41 所示。

（八）按下【Ctrl+J】组合键复制镜框图层，对其进行移动并执行【编辑—变换—水平翻转】命令，将背景色设置为 R:105，G:89，B:158，最终效果如图 6-42 所示。

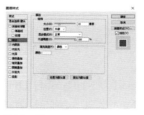
图 6-40

图 6-41

图 6-42

第七章
渐变与蒙版

本章导读

　　本章主要介绍【渐变工具】的使用，如渐变编辑器、渐变的分类、渐变的叠加模式、渐变的透明度等。在对图像进行填充时，可以产生从一种颜色到另一种颜色的变化，或由浅到深，或由深到浅，我们将这种颜色变化称为"渐变"。渐变是 Photoshop 中的一个非常重要的功能。本章主要讲解渐变与蒙版的联系与运用，深入分析图层蒙版、矢量蒙版和剪贴蒙版在具体案例中的使用方法。

精彩看点

● 【渐变工具】的使用
● 图层蒙版的使用方法
● 矢量蒙版的使用方法
● 剪贴蒙版的使用方法

学习素材

第一节 渐变概述

　　【渐变工具】是 Photoshop 中一个非常重要的工具，由于渐变效果在图层蒙版中的运用较为广泛，所以本章对它们的使用方法一并叙述。在对图像进行填充时，通过使用【渐变工具】可以制作出从一种颜色到另一种颜色的渐变效果，或由浅到深，或由深到浅，我们将这种颜色变化称为"渐变"。

一、渐变工具

　　（一）在【工具】面板中选择【渐变工具】，每种工具的选项栏上都会显示出该工具的属性及参数，如图 7-1 所示。
　　（二）【渐变工具】选项栏上有以下选项：
　　1. 渐变编辑器：单击渐变编辑器选项弹出

渐变编辑器　渐变类型　　渐变模式　　不透明度

图 7-1

　　【渐变编辑器】对话框，可以在对话框中选择和调整渐变效果。如图 7-2 所示。【渐变编辑器】对话框设置具体介绍如下。

图 7-2

①预设：我们可以直接在预设中选择软件自带的渐变效果，也可以自定义渐变效果。

②名称：可以为自定义渐变重新命名。

③渐变类型：这里将渐变分为实底和杂色两种类型。选择杂色，把粗糙度设置为100%，单击【随机化】按钮，可自动生成不同的颜色组合，如图7-3所示。

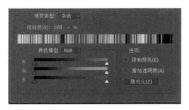

图 7-3

2.渐变类型：分为线性渐变、径向渐变、角度渐变、对称渐变、菱形渐变五种类型。

3.渐变模式：可以调整渐变对原图片的叠加效果，包括变亮、变暗、融合等27种模式。

4.不透明度：用于调整渐变的不透明度。

二、【渐变工具】的使用方法

选择【渐变工具】，在画布上单击鼠标左键从一个点拉到另一个点后释放鼠标，做出渐变效果，鼠标点击的点为渐变的起点，释放的点为渐变的终点。

（一）渐变类型

1.线性渐变：沿着一根轴线（水平或垂直）改变颜色，从起点到终点颜色进行顺序渐变（从一边拉向另一边），如图7-4所示。

图 7-4

2.径向渐变：从起点到终点颜色从内到外进行圆形渐变（从中间向外拉）。如图7-5所示。

图 7-5

3.角度渐变：从起点到终点颜色按顺时针方向做扇形渐变，即发射形渐变（从中间向外拉），如图7-6所示。

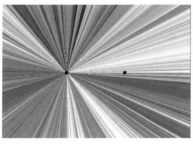

图 7-6

4.对称渐变：颜色从起点开始由中间向两边对称渐变（从中间向外拉），如图7-7所示。

图 7-7

5.菱形渐变：从起点到终点，由内而外，进行方形渐变（从中间向外拉），鼠标拉的是一个角，如图7-8所示。

图 7-8

（二）实底渐变

1.新建文件，选择【渐变工具】，打开【渐变编辑器】对话框，将渐变类型设置为【实底】，在【预设】中选择从紫色到橙色的渐变。使用【矩形选框工具】创建选区，分别选择五种渐变类型在选区内拖动绘制，效果如图 7-9 所示。

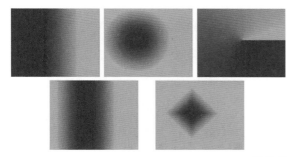

图 7-9

2.打开【渐变编辑器】对话框，将渐变类型设置为【实底】后，我们可以通过拖动滑块修改渐变效果，如图 7-10 所示。

图 7-10

下面的滑块用于修改渐变的颜色和位置（在颜色条上没有滑块的地方点击鼠标左键会增加新的滑块，在滑块上双击鼠标左键即可弹出【拾色器】对话框，可修改滑块的颜色）。上面的滑块用于修改渐变的不透明度和位置。

（三）使用【渐变工具】制作彩虹实例

1.打开图 7-11 素材文件，选择【渐变工具】，打开【渐变编辑器】，在弹出的对话框中自定义一个彩虹渐变，如图 7-11 所示。

图 7-11

2.在【图层】面板上点击【创建新图层】按钮新建一个透明图层，或按下【Ctrl+Shift+N】组合键。选择【渐变工具】，在选项栏内点击【线性渐变】按钮，按下【Shift】键在图像中使用鼠标垂直向下拖出一个渐变色块，如图 7-12 所示。

图 7-12

3.对图层 1 执行【滤镜—扭曲—极坐标】命令，选择【平面坐标到极坐标】按钮，如图 7-13 所示，点击【确定】按钮得到如图 7-14 所示效果。

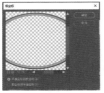
图 7-13

图 7-14

4. 按下【Ctrl+T】组合键，或执行【编辑—自由变换】命令调整彩虹渐变的大小，如图 7-15 所示。

图 7-15

5. 选择【橡皮擦工具】，在选项栏中打开"画笔预设"选取器将橡皮擦大小设置为 2165 像素，硬度设置为 0%，如图 7-16 所示。在图层 1 中擦掉多余的地方，然后将不透明度设置为 20%，最终效果如图 7-17 所示。

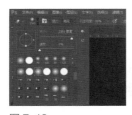
图 7-16

图 7-17

三、渐变映射

渐变映射是使用渐变的起点颜色替换图像中的深色，用渐变的终点颜色替换图像中的浅色，深色到浅色间的颜色用渐变色平均映射的颜色替换的一种图像调整形式。

打开图 7-2 素材，如图 7-18 所示。

图 7-18

执行【图像—调整—渐变映射】命令，在弹出的【渐变映射】对话框中单击【确定】按钮即可将原彩色图像变为黑白图像，如图 7-19 所示。

图 7-19

图像中深色的部分全部替换为了黑色或者偏黑的灰色，浅色部分被替换成了白色或者灰白色。重新执行【渐变映射】命令并点击渐变颜色条，在弹出的【渐变编辑器】对话框中为图像设置一个从深蓝色到红色的渐变，如图所 7-20 所示。

图 7-20

我们看到深蓝色替换了图像中的深色部分，红色替换了图像中的浅色部分，中间色调平均分布。渐变映射的彩色效果完全由渐变决定，原图的色彩信息已经被替换，也就是说，图像不管是彩色还是灰度，它们执行渐变映射后的效果是一样的。

图 7-21

第二节　图层蒙版

一、什么是图层蒙版

图层蒙版可以理解为在当前图层上面覆盖一层胶片，这种胶片可以是透明的，也可以是半透明的或不透明的。使用绘图工具在蒙版上涂抹（只能涂黑白灰色），当使用黑色画笔进行涂抹时涂黑的地方蒙版是不透明的，完全遮挡当前图层的图像。当使用白色画笔进行涂抹时，可完全显示当前图层上的图像。灰色则使图像呈半透明状，透明的程度由涂色的深浅决定。图层蒙版是 Photoshop 中一项十分重要的功能。

二、图层蒙版的使用

点击【图层】面板中的【添加图层蒙版】按钮，即可为当前图层添加蒙版。

（一）直接添加图层蒙版

直接添加图层蒙版有两种方式。

1. 打开图 7-3 素材文件，对其进行复制，得到"图层 1"。选择"背景"图层，点击【图层】面板底部的【添加蒙版】按钮，可以为图层添加一个默认的白色的图层蒙版。此时无法执行【图层—图层蒙版—显示全部】命令，不能为背景层添加蒙版（只有当图层解除锁定时，此命令才可用）。

2. 选择"图层 1"，按下【Alt】键并单击【图层】面板底部的【添加图层蒙版】按钮，或执行【图层—图层蒙版—隐藏全部】命令，可以为图层添加一个默认的黑色的图层蒙版，隐藏的是全部图像，如图 7-21 所示。

（二）从选区添加图层蒙版

还可以利用图层的选区为图层添加蒙版，可以决定添加后是显示还是隐藏选区内部的图像。

1. 打开图 7-4 素材文件，选择"图层 1"，选择【套索工具】，在选项栏中将羽化值设置为 10 像素，围绕图像勾选出玫瑰花，如图 7-22 所示。点击【图层】面板底部【添加图层蒙版】按钮，即可根据当前选区添加图层蒙版，如图 7-23 所示。

图 7-22

图 7-23

2. 按下【Ctrl】键并使用鼠标点击图层蒙版将图像载入选区，然后执行【图层—图层蒙版—删除】命令，或将图层蒙版拖到【图层】

图 7-24

面板底部的【删除图层】按钮上，即可删除图层蒙版。图像为选定状态下，按下【Alt】键并点击【图层】面板底部的【添加图层蒙版】按钮，即可根据当前选区反向添加图层蒙版，如图 7-24 所示。

三、图层蒙版和渐变

（一）合成无缝接片效果

1.新建图像文件，将宽度设置为 700 像素，高度设置为 480 像素，分辨率设置为 72 像素 / 英寸，色彩模式为 RGB，如图 7-25 所示。

图 7-25

2. 打开图 7-5 素材文件、图 7-6 素材文件。把这两幅图像分别拖动到新建图像文件中，如图 7-26 所示。

图 7-26

3.选择"图层 2"，对其执行【编辑—变换—水平翻转】命令，如图 7-27 所示，使用【移动工具】移动"图层 2"，并与图层 1 的部分区域重叠，效果如图 7-28 所示。

图 7-27

图 7-28

4. 现在需要将图层 1 与图层 2 重叠的区域进行"无缝"处理。选择"图层 2"，点击【图层】面板底部的【添加图层蒙版】按钮，或执行【图层—图层蒙版—显示全部】命令，为其添加蒙版。然后选择【工具】面板中的【渐变工具】，在【渐变编辑器】对话框中设置一个从黑色到透明的渐变，在图层 2 与图层 1 相接的地方从左向右拉水平渐变，效果如图 7-29 所示。

图 7-29

（二）图层蒙版浓度设置

打开图 7-7 素材文件。在【图层】面板中双击"图层 1"蒙版缩览图，弹出【属性】面板，拖动【属性】面板中的浓度滑块可以调整该图层蒙版的不透明度，如图 7-30 所示。

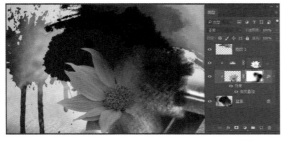

图 7-30

当浓度滑块数值为 100% 时，蒙版将完全不透明并遮挡图层图像，浓度滑块的数值越低，蒙版下的区域越清晰，如图 7-31 所示。

图 7-31

（三）羽化、调整图层蒙版

1.【属性】面板中的羽化滑块可以调整蒙版边缘的柔和度，使被隐藏与未被隐藏区域之间的过渡较柔和。

2. 点击【属性】面板中的【蒙版边缘】按钮（其效果等同于【调整边缘】），在弹出的【调整蒙版】对话框中可以对蒙版进行平滑、羽化等操作。

3. 点击【属性】面板中的【颜色范围】按钮，在弹出的【色彩范围】对话框中可以更好地选取颜色范围来改变图层蒙版的遮挡范围。

（四）停用 / 启用图层蒙版

图层蒙版在启用的状态下，只能显示出未被图层蒙版隐藏的图像。在编辑过程中，如果要查看未被隐藏部分的图像，可以执行【图层—图层蒙板—停用】命令。

1. 在图层蒙版上单击鼠标右键，在弹出的菜单中选择【停用图层蒙版】命令，或者在【属性】面板的底部点击【可视】按钮，即可停用图层蒙版。

2. 按住【Shift】键单击图层蒙版缩览图，即可停用图层蒙版，再次按住【Shift】键点击图层蒙版缩览图，可以重新启用图层蒙版，如图 7-32 所示。

图 7-32

第三节 矢量蒙版

矢量蒙版与图层蒙版类似，不同之处在于它是通过路径来限制图像的显示与隐藏，创建的都是具有规则边缘的蒙版。两种蒙版最大的区别在于由于图层蒙版具有位图特征，清晰度和图像大小及分辨率相关，而矢量蒙版具有矢量特征，可无限缩放。

打开图 7-8 素材文件，在【图层】面板中复制背景图层，执行【图像—调整—反相】命令，再执行【图层—矢量蒙版—显示全部】命令，创建矢量蒙版。在【路径】面板中使用【矩形工具】，状态栏中选择【形状】模式，按住【Shift】键绘制正方形路径，然后使用【直接选择工具】

通过执行【自由变换】、【复制】、【全选】等命令，制作出矢量蒙版的路径形状。在【路径】面板中，选择路径，按下【Ctrl+C】组合键，切换到【图层】面板，选择路径蒙版并按下【Ctrl+V】组合键，即可实现矢量蒙版的制作，如图 7-33 所示。

图 7-33

第四节 剪贴蒙版

剪贴蒙版是通过使用处于下方图层的形状来限制上方图层的显示状态，以达到一种剪贴画效果。剪贴蒙版是一组图层的总和。一个剪贴蒙版包含基底图层和内容图层，基底图层只能有一个并且位于内容图层的底部，而内容图层可以有很多个，可以是文字、形状，还可以是调整图层等，每个内容图层前面会有一个图标。可以执行【图层—创建剪贴蒙版】命令，或者按下【Alt+Ctrl+G】组合键来创建剪贴蒙版，如图 7-34 所示。

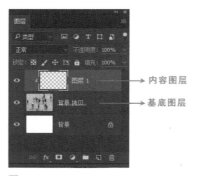

图 7-34

一、使用剪贴蒙版制作文字效果实例

打开图 7-9 素材文件，如图 7-35 所示。打开图 7-10 素材文件，如图 7-36 所示。

图 7-35　　　　　　图 7-36

使用【移动工具】，并按住【Shift】键将图 7-10 素材文件中的图像拖至图 7-9 素材文件中，得到"图层 2"，在"图层 2"上按下【Alt+Ctrl+G】组合键执行【创建剪贴蒙版】命令，如图 7-37 所示。将"图层 1"的混合模式设置为【正片叠底】，效果如图 7-38 所示。

图 7-37

图 7-38

选择"周庄"图层，然后点击【添加图层样式】按钮，为图像增加描边和投影效果，如图 7-39 所示。

图 7-39

二、星球图像创意合成实例

本实例主要通过设置图层属性、添加图层蒙版、复制和调整图层来进行创意。

打开图 7-11-1 素材文件，如图 7-40 所示。将其作为背景图层。

打开图 7-11-2 素材文件，使用【移动工具】将其拖曳至图 7-11-1 素材文件中，得到"背景拷贝"图层。按下【Ctrl+T】组合键，执行【自由变换】命令，按住【Shift】键向内拖动调整图像大小并移动到相应的位置上，按下【Enter】键或在图像上双击鼠标确定，效果如图 7-41 所示。

图 7-40　　　　　　　　　　图 7-41

选择"背景拷贝"图层，点击【图层】面板底部的【添加图层蒙版】按钮，为"背景拷贝"图层添加蒙版。将前景色设置为黑色，选择【画笔工具】，在选项栏中设置笔尖的大小和不透明度，画笔硬度设置为 0%。使用【画笔工具】在图层蒙版中进行涂抹，将左上角星球图像进行局部隐藏，并与背景融合，效果如图 7-42 所示。

图 7-42

单击【图层】面板底的【创建新的填充或调整图层】按钮，在弹出的菜单中执行【色相/饱和度】命令，创建出"色相/饱和度 1"图层，按下【Alt+Ctrl+G】组合键执行【创建剪贴蒙版】命令，参数设置如图 7-43 所示，效果如图 7-44 所示。

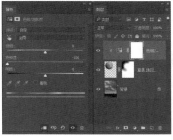 

图 7-43　　　　　　　　　　图 7-44

对背景图层进行复制，得到"背景副本"图层，将其移至所有图层的上方，按下【Alt+Ctrl+G】组合键执行【创建剪贴蒙版】命令，按下【Ctrl+T】组合键，执行【自由变换】命令，将控制框旋转 180°，并向上移动位置，将当前图层混合模式设置为【强光】，提亮图像亮度，效果如图 7-45 所示。

按下【Alt】键对"背景拷贝"图层进行复制，将其拖至所有图层上方，得到"背景拷贝副本"图层。删除当前图层的图层蒙版，将图层混合模式设置为【叠加】，按下【Alt+Ctrl+G】组合键执行【创建剪贴蒙版】命令，效果如图 7-46 所示。

图 7-45　　　　　　　　　　图 7-46

星球图像创意合成实例操作视频

打开图 7-11-3 素材文件，选择【移动工具】，将其拖入图 7-11-1 素材文件中，移动并缩放到合适位置，得到"图层 1"，如图 7-47 所示。将"图层 1"的混合模式设置为【线性加深】，加深图像效果。对"图层 1"进行复制，得到"图层 1 副本"图层，将混合模式设置为"正常"，不透明度设置为 50%，效果如图 7-48 所示。

图 7-47　　　　　　　图 7-48

对背景图层进行复制，得到"背景副本 2"图层，并将其移动到所有图层的上方。点击【图层】面板中的【添加图层样式】按钮，在弹出的菜单中执行【混合选项】命令，在【图层样式】对话框中"本图层""下一图层"渐变条上按下【Alt】键并点击鼠标左键，为"本图层"及"下一图层"下方渐变条添加"黑色多边形"滑块，如图 7-49 所示，效果如图 7-50 所示。

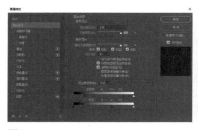 

图 7-49　　　　　　　图 7-50

点击【图层】面板底部的【创建新的填充或调整图层】按钮，执行【色彩平衡】命令，得到"色彩平衡 1"图层，调整图像的色彩效果。按下【Ctrl+Alt+Shift+E】组合键执行【盖印】命令，将当前所有可见图层合并为一个图层，将图层命名为"图层 2"，如图 7-51 所示。

执行【滤镜—模糊—高斯模糊】命令，在弹出的对话框中将半径设置为"3"，将"图层 2"的混合模式设置为【滤色】，填充调整为 60%，融合图像，效果如图 7-52 所示。

图 7-51　　　　　　　图 7-52

对"图层 2"进行复制，得到"图层 2 副本"图层，将当前图层混合模式设置为【柔光】，以加深图像的对比度，最终效果如图 7-53 所示。

图 7-53

第八章
文字工具

本章导读

　　文字在图形设计中扮演着重要的角色，它不仅能传达画面的主题思想，还可以创作出独特的艺术造型。本章主要学习 Photoshop 文字创建及编辑内容。在 Photoshop 中，输入的文字会单独生成一个文字图层，我们可以对文字图层中的文本或段落进行编辑和修改。本章主要介绍【文字工具】的使用方法，包括文字创建、编辑、文字变形以及文字蒙版工具的运用。

精彩看点

- 文字和段落文字
- 文字的编辑
- 字符面板和段落面板
- 文字效果
- 文字蒙版

学习素材

第一节 文字工具的基本应用

　　在 Photoshop 中输入的文字会单独生成一个文字图层，我们可以对图层中的文本或段落进行编辑和修改。当文字图层处于编辑状态时，可以输入并编辑文字，但是如果要对其进行其他操作，则必须对正在编辑文字图层进行提交。

一、【文字工具】面板

　　本章将对【文字工具】面板进行介绍。在【文字工具】上按下鼠标左键不松，会弹出 4 种不同的文字工具，包括【横排文字工具】、【直排文字工具】、【横排文字蒙版工具】和【直

排文字蒙版工具】，如图 8-1 所示。我们选择任意一种文本工具创建文字，【图层】面板中会自动添加一个新的文字图层，如图 8-2 所示。

图 8-1

图 8-2

二、选项栏参数设置

选择【文字工具】，该工具选项栏如图 8-3 所示。

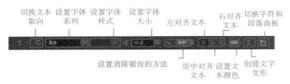

图 8-3

（一）切换文本取向

只有在选中文字时才能使用此命令，此命令可以更改当前文字的方向，但只局限于在横排和直排文字之间的转换。

（二）设置字体系列

在此下拉菜单中列出了计算机中安装的全部字体。选中当前文字图层，然后在下拉菜单中选择合适的字体即可更改字体类型。

（三）设置字体样式

选择的字体不同，这里显示出的字体样式也会不同，最常见的有 Regular 和 Bold 两种字体样式。

（四）设置字体大小

在此下拉菜单中有一些预设文字的大小值，我们也可以直接在文本框中输入数值。

（五）设置消除锯齿的方法

此选项提供了几种消除文字边缘锯齿的方法，如锐利、犀利、浑厚和平滑，选择"无"则关闭抗锯齿的选项。

（六）横排对齐文本选项

此选项可适用于横排的点文字或段落文字，当我们输入横排文本时，它会预定文本与定界框的对齐关系，对齐方式分为左对齐、居中对齐和右对齐 3 种。

（七）设置文本颜色

选择文本后，鼠标单击选项栏中的颜色选取框会弹出【拾色器】对话框，然后为文本选择合适的颜色。也可以在输入文本前设置颜色，在工具面板中将前景色设置为所需颜色即可。

（八）创建文字变形

此选项中包含了多种变形效果，可使文字产生变形，在后面的课程中我们会针对此项功能进行详细的讲解。

三、文字创建及编辑

（一）文本的种类

在 Photoshop 中，根据文字不同的创建方式，可以将其划分为点文字、段落文字和路径文字，下面我们对这三种文字做具体说明。

点文字：可以形成一个水平或垂直文本行，如果在图像中添加少量文字，这是一种很好的创建方式。这种方式创建的文字每行都是独立的，且不会自动换行。

段落文字：适合创建一个或多个段落。选择【文字工具】，在画布中按住鼠标左键拖动出一个文本框，通过使用这个文本框来定义文字的位置和范围，它会将文字段落限制在一个区域内。在文本框内的文字可以自动换行，形成段落。

路径文字：指沿着开放或封闭的路径边缘流动的文字。当沿水平方向输入文本时，字符将沿着与基线垂直的路径出现；当沿垂直方向输入文本时，字符将沿着预基线平行的路径出现。路径文字适合创建流线型的滚动文字效果。

（二）文本的创建

执行【窗口—字符】命令，即可调出【字符】面板和【段落】面板，如图 8-4 所示。

1. 文字的基础编辑

（1）添加文字：选择【文字工具】，激活文字图层，将鼠标光标移动到画布中单击鼠标左键直接输入，如图 8-5 所示。

图 8-4　　　　图 8-5

（2）删除文字：选择【文字工具】，将光标移动到所要删除文字的后面单击鼠标左键，然后按下【BackSpace】键即可，如图 8-6 所示；或者使用鼠标选中需删除的文字，然后按下【Delete】键，如图 8-7 所示。

图 8-6　　　　　　　　　　图 8-7

2.创建点文字

点文字是指一行文字，当我们输入点文字时，每行文字都是独立的，行的长度会随着文字的增加而增加，但不会换行，输入的文字会实时出现在新的文字图层中，如图 8-8 所示。

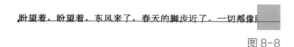

图 8-8

创建点文字的具体操作步骤如下。

选择【横排文字工具】，在画布中单击鼠标左键确定文字输入的位置，这时图像中会出现一个闪烁的"I"形光标，此时就可以输入或粘贴文字了，按下【Enter】键即可换行，如图 8-9 所示。

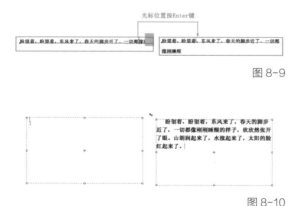

图 8-9

图 8-10

选择文本图层，按下【Ctrl+T】组合键，文字周围会出现一个边框，此时可以对文字进行移动、缩放或旋转操作。

完成文字的输入后，执行下列任意操作即可以完成文字的创建。

（1）按下键盘上的【Enter】键。

（2）按下【Ctrl+Enter】键。

（3）选择【工具】面板中的任意一种工具，在图层、通道、路径、动作、历史记录或样式等面板中单击鼠标左键，或者选择任何可用的菜单命令。

3.创建段落文字

输入段落文字时，文字会基于文本框大小自动换行。相对于点文字，其每行就是一个单独的段落。对于段落文字，一段文字的行数由文本框的大小决定。我们可以边输入文字边调整文本框，也可以在创建文字图层后调整。

创建文字段落的具体操作步骤如下。

（1）选择【横排文字工具】，沿对角方向拖曳鼠标，为文字创建一个文本框，这时文本框中会出现一个闪烁的"I"形光标，此时即可在其中输入或粘贴段落文字，如图 8-10 所示。

（2）输入完成后，按照点文字提交的方法提交段落文字即可。

如果输入的文字超出了文本框所能容纳的范围，边框上会出现一个溢出图标，此时调整文本框大小，直到所有文字都显示在文字框内，如图 8-11 所示。

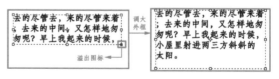

图 8-11

4.创建路径文字

在路径上创建文字为我们带来了很多便利在编辑文字的时候，不用局限在一个方框内，我们可以在任意形状的路径上对文字进行编排。当我们使用【钢笔工具】或【形状工具】沿着创建的工作路径边缘输入文字时，文字将沿着锚点被添加到路径上。在路径上输入横排文字时，文字会与基线垂直，输入直排文字时，文字会与基线平行。

（1）沿路径创建文字

创建路径文字，使用【钢笔工具】在画布上创建一条曲线，然后选择【横排文字工具】，将鼠标光标移动到路径上，当光标变为"I"时单击鼠标左键，路径上会出现一个插入点，这时就可以输入文字了，如图 8-12 所示。输入完文字，按下【Ctrl+Enter】组合键，完成路径文字的创建工作。创建完成后，路径上会出现"×""○"符号，"×"表示文字的起始位置，"○"表示文字的结束位置，如果是闭合路径，则两个符号重叠。

（2）在路径上移动文字

选择【直接选择工具】或【钢笔工具】，并将其定位到文字上，这时鼠标指针会变为右侧带黑色三角形的"I"形光标，然后我们按住鼠标左键，对其进行拖动，即可使文字沿路径方向移动，如图 8-13 所示。

（3）在路径上翻转文字

翻转文字的操作方法与移动文字大致相同，不同之处在于：在路径上反向拖动"I"形光标，此时开始和结束符号也会互换位置，效果如图 8-14 所示。

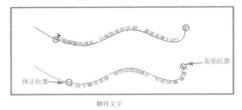

图 8-14

（4）改变文字路径的形状

选择【直接选择工具】，单击文字路径上的锚点，然后调整手柄改变路径的形状，同时也可以使用【添加锚点工具】或【删除锚点工具】来改变路径的形状，此时文字的流向会随着路径的改变而改变，如图 8-15 所示。

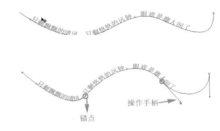

图 8-15

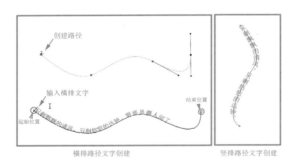

图 8-12

图 8-13

（5）将文字转换为形状

选择文字图层，在图层上点击鼠标右键，在弹出的菜单中执行【转换为形状】命令即可，如图 8-16 所示。将文字转换为形状时，文字图层会变为具有矢量蒙版的图层，每个文字边缘会自动转化为蒙版路径。转换后的文字无法再作为文本进行修改，只能编辑矢量蒙版中的路径对每个文字边缘进行修改，也可以为其添加图层样式。

（6）栅格化文字图层

栅格化是将文字图层转化为位图，以便为文本添加滤镜等效果或者执行某些命令。文字栅格化后将不能再作为文字文本进行编辑。

选择文字图层，对其执行【图层—栅格化—文字】命令，或者在文字图层上单击鼠标右键，在弹出的菜单中执行【栅格化文字】命令，如图 8-17 所示。

图 8-16

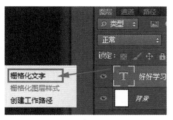
图 8-17

第二节 字符面板和段落面板

一、字符面板

我们可以在文字菜单栏中对文字进行简单的编辑修改，而在【字符】面板和【段落】面板中则可以对文字和段落进行详细编辑，下面将对它们进行详细介绍。

（一）打开【字符】面板

【字符】面板用于设置文字的字体、字号、格式等。执行【文字—面板—字符面板】命令，或者点击选项栏中【切换字符和段落面板】按钮，弹出【字符】面板，如图 8-18 所示。

（二）【字符】面板中的相关参数设置

1.设置字体系列和字体大小等，如图 8-19 所示。

图 8-18

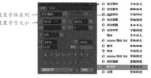
图 8-19

2.设置行距。行距，顾名思义，是指各行文字之间的距离。对于罗马文字，行距是一行文字基线到上一行文字基线之间的距离。基线是一条看不见的直线，大部分的文字都位于这条线的上面。可以在同一段落中应用一个以上的行距量，但是文字行中的最大行距决定了该行的整体行距值。

设置行距的具体操作：选择要更改的文字或符号，可以直接在【字符】面板的文本框中输入数值，也可以单击数值右侧的三角形按钮，在弹出的下拉菜单中选择预设值，对行距进行设置，其中"自动"选项为默认的选项，如图 8-20 所示。

图 8-20

3.垂直缩放：选择要更改的字符，在垂直缩放文本框中输入数值，字符即可在垂直方向上缩放，如图 8-21 所示。

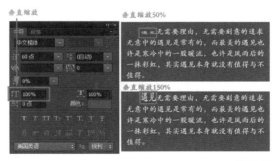
图 8-21

4. 水平缩放：与垂直缩放相似，选择要更改的字符，在水平缩放文本框中输入数值，即可使字符在水平方向上缩放，如图 8-22 所示。

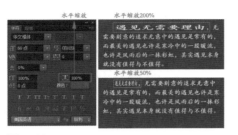

图 8-22

5. 设置所选字符的比例间距：选择我们要更改的字符，调整此项可以使字符间距按比例进行缩放，数值范围 0%~100%，如图 8-23 所示。

图 8-23

6. 设置所选字符的字距调整：字距指的是各个文字之间的距离。调整字距可以放宽或收紧选定文本或整个文本段落中文字之间的距离，如图 8-24 所示。

图 8-24

7. 设置两个字符间的字距微调：可以单独调节两个字符之间的间距。如果要使用字体的内置字距微调信息，可以在字距微调下拉菜单中选择"度量标准"选项；如果要根据字符形状自动调整字符间的距离，则可以在字距微调中选择"视觉"选项；如果要手动调整两个字符间的距离，鼠标光标单击两个字符中间位置，并在字距微调下拉菜果中输入所需的数值，如图 8-25 所示；如果要关闭字距微调功能，将字距微调数值设置为 0 即可。鼠标光标单击两个字符之间位置，按下【A+ ←】组合键可以减小两个字符之间的距离；按下【A+ →】组合键可增加两个字符之间的距离。

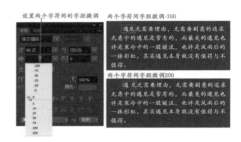

图 8-25

8. 设置基线偏移：基线指的是紧靠文字下方位置的直线，在输入文字时，文字会按照基线进行排列，从而变得整齐。选择要修改的字符或文字对象，输入正数会将字符的基线移到文字行基线的上方，输入负数则会将基线移到文字基线的下方，如图 8-26 所示。

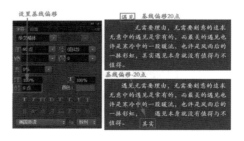

图 8-26

9. 字体样式变换，如图 8-27 所示。

【T】仿粗体：选择要更改的字符，单击此图标会使文字加粗。

【T】仿斜体：选择要更改的字符，单击此图标会使文字倾斜。

【TT】全部大写字母：选择要更改的字符，单击此图标会使英文小写字母变为大写字母，原来为大写字母的字符将保持不变。

【Tr】小型大写字母：选择要更改的字符，单击此图标会使英文小写字母变为小型大写字母，而原来为大写字母的字符将保持不变。

【T¹】上标：选择要更改的字符，单击此图标会使字符缩小，变为上标。

【T₁】下标：选择要更改的字符，单击此图标会使字符缩小，变为下标。

【T】下划线：选择要更改的字符，单击此图标会在横排文字的下方添加下划线，而在直排文字的左侧添加下划线，且线的颜色与文字颜色相同。

【T】删除线：选择要更改的字符，单击此图标会在横排文字或直排文字中间添加直线，且线的颜色与文字颜色相同。

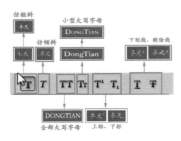

图 8-27

10. 调整文字。我们这里所讲的调整文字其实是对文字进行缩放、旋转、斜切等操作。对于段落文字，也可以选择段落文字的文本框，并使用手柄对文字进行旋转、移动和缩放。

首先我们要选择文字图层，然后按下组合【Ctrl+T】组合键执行【自由变换】命令，如图 8-28 所示。

图 8-28

二、段落面板

【段落】面板与【字符】面板的功能其实是一样的，都用于调整文字。只是【段落】面板用于更改段落文本的格式设置。对于点文字，每行都是一个单独的段落，而对于段落文字，一段可能包含多行，我们可以使用【段落】面板对文字图层中的单个段落、多个段落或全部段落格式进行设置。

首先我们来认识一下【段落】面板。

（一）打开【段落】面板

执行【窗口—段落】命令，或者选择【文字工具】，点击选项栏中的【切换字符和段落面板】按钮，即可调出【段落】面板，如图 8-29 所示。

图 8-29

（二）对齐方式

我们可以将文字与段落的中心或某个边缘，例如横排文字的左边、中心或右边，直排文字的顶边、中心或底边进行对齐，具体的操作与设置如下。

1. 横排文字的对齐方式如图 8-30 所示。

左对齐文本：将文字左对齐（此时段落右端参差不齐）。

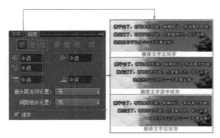

图 8-30

居中对齐文本：将文字居中对齐（此时段落两端参差不齐）。

右对齐文本：将文字右对齐（此时使段落左端参差不齐）。

2. 直排文字的对齐方式如图 8-31 所示。

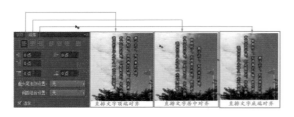

图 8-31

顶对齐文本：将文字顶端对齐（此时段落底部参差不齐）。

居中对齐文本：将文字居中对齐（此时段落顶端和底部参差不齐）。

底对齐文本：将文字底端对齐（此时段落顶端参差不齐）。

3. 缩进。缩进是指调整文本与页面边界之间的距离。缩进只影响选定的一个或多个段落，因此可以轻松地对多个段落设置不同的缩进量，如图 8-32 所示。

图 8-32

左缩进：从段落的左边缩进。对于直排文字，此选项可以控制文本从段落顶端进行缩进。

右缩进：从段落的右边缩进。对于直排文字，此选项可以文本控制从段落底部进行缩进。

首行缩进：缩进段落中的首行文字。对于横排文字，首行缩进与左缩进有关；对于直排文字，首行缩进与顶端缩进有关。要创建首行悬挂缩进，就要输入一个负值。

4. 调整段落间距。选择要调整的段落或选择文字图层，然后在【段落】面板中调整段前和段后间距值，段落的间距会发生变化，如图所示 8-33 所示。

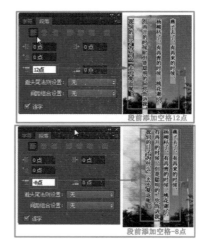

图 8-33

第三节 文字效果

一、文字变形

Photoshop 中有两种有创建变形文字的方法。

选择文字图层，然后在【工具】面板中选择【文字工具】，点击选项栏中的【创建文字变形】按钮，或者执行【文字—文字变形】命令，即可弹出【变形文字】对话框，如图 8-34 所示。

我们可以使用【文字变形】命令来制作特殊的文字效果，如将文字或段落变为扇形、波浪或贝壳等形状，如图 8-35 所示。变形样式是文字图层的一个属性，可以随时更改图层的变形样式。另外，【变形文字】对话框可以精确控制文字或段落的变形效果。

图 8-34

图 8-35

二、编辑及取消变形文字

（一）使用文字变形

在"样式"下拉列表中选择一种变形样式，并确定变形效果的方向（水平或垂直）。还可以调整相应选项的数值，"弯曲"选项用于调整文字变形的程度，"水平扭曲"或"垂直扭曲"选项用于调整文字透视效果。

（二）取消文字变形

选择变形的文字图层，然后选择【文字工具】，点击选项栏中的【创建文字变形】按钮或执行【文字—文字变形】命令，弹出【变形文字】对话框，在"样式"下拉列表中选择"无"即可取消文字变形，如图 8-36 所示。

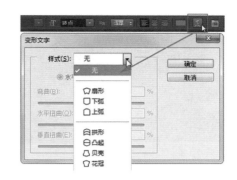

图 8-36

三、添加文本投影

为文本添加投影可以使其产生立体效果。首先在【图层】面板中选择文本图层，然后单击【图层】面板底部的【添加图层样式】按钮，在弹出的菜单中选择【投影】选项，然后在【图层样式】面板中调整混合模式、不透明度、角度以及投影与文字间的距离等，效果如图 8-37 所示。

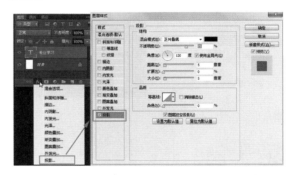

图 8-37

四、使用图像填充文字

通过创建剪贴蒙版可以为文字填充图像，创建出一种特殊的文字效果。

打开一个图像文件。选择【文字工具】，输入需要的文字"SPRING"，尽量选择较粗的字体，以便填充较大面积的图像。

在【图层】面板中拖动"图层 1"，使之位于文字图层的上方，如图 8-38 所示。

将图像移到文字图层上方

图 8-38

对"图层 1"执行【图层—创建剪贴蒙版】命令,此时图像将被填充到文本内部,效果如图 8-39 所示。选择【移动工具】,在画布中拖动图像可调整其在文本内的位置。

图 8-39

 文字专题
应用案例
操作视频

第四节 文字蒙版

从字面上可以看出,该文字工具与蒙版有着非常密切的关系,它的主要作用就是创建文字选区边界,文字蒙版工具包括【横排文字蒙版工具】和【直排文字蒙版工具】。

选择文字蒙版工具后,在当前图层上点击鼠标左键,会出现一个红色的蒙版,此时输入文字可正常显示。文字输入完成后,点击确认,

此时文字边界将作为选区出现在当前图层上,如图 8-40 所示。这时可以对选区进行移动、复制、填充或描边等操作。建议在普通图层上创建文字选框,以便获得最佳效果。如果要对文字选区执行【填充】或【描边】命令,建议将选区创建在新的空白图层上。

图 8-40

第五节 文字运用与设计实例

为了巩固前面所学的知识,本节将利用【文字工具】来制作一幅青春主题的招贴,其中将运用字符大小设置、文字颜色设置、段落文字对齐方式设置等。在制作过程中,要注意各个命令的功能及操作方法,海报背景色彩肌理处理,字体创作元素之间的重复、对齐、对比设计原则的运用。该案例最终效果如图 8-41 所示。

图 8-41

执行【文件—新建】命令,或者按下【Ctrl+N】组合键,在【新建】对话框中将文件命名为"青春主题招贴",然后将图像的宽度设置为21厘米,高度设置为12厘米,分辨率设置为200像素/厘米,颜色模式设置为RGB,如图8-42所示。

打开"水彩画背景"素材文件并将其拖至"青春主题招贴"文件中,调整图像位置与大小,效果如图8-43所示。

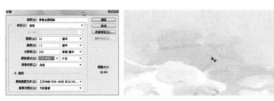

图8-42   图8-43

打开"素材"文件,将"天空肌理"和"植物肌理"图层拖至"青春主题招贴"文件中,调整其位置与大小,效果如图8-44所示。

图8-44

将"素材"文件中的"人物剪影"拖至"青春主题招贴"文件中,并调整剪影位置,效果如图8-45所示。

图8-45

打开"书法"素材文件,选择【工具】面板中的【魔棒工具】,将容差设置为32,选择书法字体"奋斗",注意在选择过程中配合【Shift】键进行加选,然后对其进行填充,色值为R:148,G:1,B:1。将其拖至"青春主题招贴"文件中,并调整其位置与大小,效果如图8-46所示。

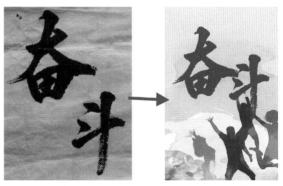

图8-46

新建图层,将其命名为"装饰边框",点击【工具】面板中的【矩形选框工具】,在选项栏中选择【路径】模式绘制矩形,然后执行【编辑—描边】命令,在【描边】对话框中将宽度设置为20。按下【Ctrl+T】组合键旋转并调整矩形的大小与位置,点击【橡皮擦工具】对与文字重叠部分的边框进行擦除。新建图层,将其命名 "不规则三角形",选择【多边形套索工具】绘制不规则三角形,并对其进行填充,色值为R:148,G:1,B:1。调整各要素的位置,效果如图8-47所示。

图8-47

新建图层，将其命名为"圆形"。选择【椭圆选框工具】并配合【Shift】键绘制圆形选区，将其填充为红色；使用【文字工具】输入"的"并将其填充为白色，字体设置为"方正美黑简体"，字号设置为 60 点，将"的"移到圆上，效果如图 8-48 所示。

使用【文字工具】输入"青"和"丽"、"春"和"美"、"最"，字号分别设置为 85、60、36 点，字体设置为"方正美黑简体"，对它们进行填充，色值为 R:148，G:1，B:1，注意文字的对齐方式为水平对齐，效果如图 8-49 所示。

图 8-48　　　　　图 8-49

使用【文字工具】输入"YOUTH"，字号设置为 48 点，字体设置为"方正美黑简体"，对其进行填充，色值为 R:251，G:179，B:6，与"丽"右对齐，效果如图 8-50 所示。

图 8-50

将"素材"文件中的千纸鹤、气球、装饰花移动至图像中，并调整它们的位置，"青春主题招贴"绘制完成，如图 8-51 所示。

图 8-51

第九章
通道

本章导读

本章介绍通道的基础操作及通道的类型，包括复合通道、颜色通道（RGB 模式）、专色通道、Alpha 通道以及分离与合并通道等内容。

精彩看点

- Alpha 通道
- 颜色通道
- 通道的分离与合并

学习素材

第一节 通道概述

通道功能是存储图像的色彩资料、存储和创建选区、抠图。可以对选区进行保存，也可以在图像编辑的过程中载入选区，还可以对选区进行分离与合并。编辑图像时执行【图像—计算】命令可以获得多种多样选区形态的变化。在进行复杂抠像处理时，通道的使用是必不可少的。

一、通道的分类

通道可以分为复合通道、颜色通道、专色通道及 Alpha 通道。

（一）复合通道（Compound Channel）

复合通道不包含任何信息，实际上它只是同时预览并编辑所有颜色通道的一个快捷方式。通常在单独编辑完一个或多个颜色通道后，通过点击该通道图层使【通道】面板回到默认状态。对于不同模式的图像，其通道的数量是不一样的。在 Photoshop 中，通道涉及三种模式，在 RGB 颜色模式下，有 RGB、R、G、B 四个通道；在 CMYK 颜色模式下，有 CMYK、C、M、Y、K 五个通道；在 Lab 颜色模式下，有 Lab、明度、a、b 四个通道。

（二）颜色通道（Color Channel）

在 Photoshop 中编辑图像时，实际上就是在编辑颜色通道。通道把图像分解成一个或多个色彩成分，这些色彩成分单独被通道划分和记录。

打开图 9-1 素材文件，可以看到 C、M、Y、K 四个颜色通道和 CMYK 组成的复合通道，共同显示于【通道】面板中，如图 9-1 所示。

图 9-1

打开图 9-2 素材文件，可以看到 R、G、B 颜色通道和 RGB 组成的复合通道，共同显示于【通道】面板中，如图 9-2 所示。

图 9-2

（三）专色通道（Spot Channel）

专色通道主要应用于印刷领域，它是一种特殊的颜色通道，可以使用除了青色、洋红、黄色、黑色以外的颜色来定义图像颜色。

（四）Alpha 通道（Alpha Channel）

Alpha 通道是计算机图形学中的术语，指的是创建和记录透明度信息的通道。Alpha 通道最基本的用途在于保存选区范围，并不会影响图像的显示和印刷效果。通过对通道选区的分离与合成，Alpha 通道也可以用来决定显示区域。

与颜色通道不同的是，Alpha 通道是用来存放选区信息的，包括选区的位置、大小及羽化程度等。

打开图 9-3 素材文件，图 9-3 所示的图像中包含已经保存好的 Alpha 通道，图 9-4 所示为通过此 Alpha 通道载入的选区。

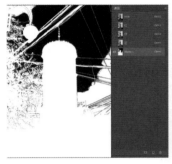

图 9-3　　　　　图 9-4

二、通道面板

打开【通道】面板，如图 9-5 所示。

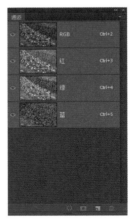

图 9-5

在【通道】面板的底部有四个按钮选项：

【将通道作为选区载入】按钮，单击此按钮可以载入当前选择的通道所保存的选区；

【将选区存储为通道】按钮，在选区处于选择状态下，单击此按钮，可以将当前选区保存为 Alpha 通道；

【创建新通道】按钮，单击此按钮可以按默认设置新建 Alpha 通道；

【删除当前通道】按钮，单击此按钮可以删除当前选择的通道。

第二节　Alpha 通道的创建与应用

一、执行【色彩范围】命令建立选区

打开图 9-4 素材文件，执行【选择—色彩范围】，在弹出的【色彩范围】对话框中选择【吸管工具】按钮，在图像中背景的蓝色部分单击鼠标左键，将"颜色容差"滑块拖动到 200，如图 9-6 所示，建立的选区如图 9-7 所示。

图 9-6

图 9-7

二、创建空白 Alpha 通道

单击【通道】面板底部的【创建新通道】按钮，可以在默认状态下新建空白的全黑的 Alpha 通道。

三、创建与选区保持相同形状的 Alpha 通道

（一）对图 9-4 素材图像的选区执行【选择—存储选区】命令，弹出如图 9-8 所示【存储选区】对话框，将选区保存为通道，也可以单击通道面板底部的【将选区存储为通道】按钮，创建 Alpha 通道。

图 9-8

（二）【存储选区】对话框选项及参数。

1. 文档：在下拉菜单中包含了当前图像文件名称，如果选择【新建】选项则可以将选区保存在新文件中。

2. 通道：在下拉菜单中列出了当前文件已存在的 Alpha 通道名称及【新建】选项。选择已有的 Alpha 通道，可以替换该 Alpha 通道所保存的选区，如果选择【新建】，则可以创建新通道。

3. 【新建通道】：选择【新建通道】选项可以添加新通道。如果在【通道】下拉菜单中选择一个已经存在的 Alpha 通道，则【新建通道】选项将转换为【替换通道】选项。

4. 【添加到通道】、【从通道中减去】、【与通道交叉】：在通道下拉菜单中选择当前文件已存在的 Alpha 通道，才能激活这些选项。【添加到通道】可以在原通道的基础上添加当前选区定义的通道；【从通道中减去】可以在原通道的基础上减去当前选区所创建的通道；【与通道交叉】可以得到原通道与当前选区所创建的通道的重叠区域。

四、载入 Alpha 通道保存的选区

Alpha 通道除了可以保存选区外，还可以载入选区。在【通道】面板选择任意一个通道，单击【通道】面板底部的【将通道作为选区载入】按钮，或者按下【Ctrl】键并点出该通道，即可载入 Alpha 通道所保存的选区。在选区已选择的情况下，如果按下【Ctrl+Shift】组合键并单击通道，可以在当前选区中增加该通道所保存的选区；如果按下【Alt+Ctrl】组合键并单击通道，可以在当前选区中减去该通道所保存的选区；如果按下【Alt+Ctrl+Shift】组合键并单击通道，可以得到当前选区与该通道所保存的选区相重叠的选区。载入选区的同时通道与通道之间还可以进行计算。

第三节 通道选区操作实例

一、通道抠图——人物从背景分离实例

打开图 9-5 素材文件，选择蓝色通道，点击鼠标右键，在弹出的菜单中执行【复制通道】命令，如图 9-9 所示。

图 9-9

选择"蓝副本"通道，对其执行【图像—调整—色阶】命令，弹出【色阶】对话框，拖动直方图下的滑块增强图像的对比度，加强黑白对比度，如图 9-10 所示。

图 9-10

将前景色设置为黑色，选择【画笔工具】，在选项栏中设置画笔的大小，把人物涂抹成黑色，把背景部分涂抹成白色，效果如图 9-11 所示。

图 9-11

按下【Ctrl】键单击"蓝副本"通道，载入选区，按下【Ctrl+Shift+I】组合键，执行【反向】命令，对当前选区进行反向选择，如图 9-12 所示。

图 9-12

点击 RGB 复合通道，选择图层面板，选择背景图层。

选择 RGB 复合通道并切换到【图层】面板，按下【Ctrl+J】组合键复制选区，创建"图层 1"，关掉背景图层左侧的【可视】按钮隐藏背景图层，如图 9-13 所示。

图 9-13

任意打开一个背景图像文件，使用【移动工具】把人物拖到打开的背景图像文件中，效果如图 9-14 所示。

图 9-14

二、通道合成——冰块与水果的混合实例

打开图 9-6 素材文件，如图 9-15 所示。

图 9-15

在【通道】面板中分别单击红、绿、蓝 3个通道缩览图,从中选择对比度最强的通道——红色通道，如图 9-16 所示。

图 9-16

在红色通道缩览图上单击鼠标右键，在弹出的选项中执行【复制通道】命令，如图 9-17 所示。

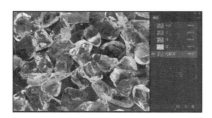

图 9-17

选择"红副本"通道，按下【Ctrl+L】组合键执行【色阶】命令，在弹出的【色阶】对话框中设置参数,如图 9-18 所示,效果如图 9-19 所示。

在蓝色通道缩览图上单击鼠标右键，在弹出的菜单中执行【复制通道】命令。选择"蓝副本"通道，按下【Ctrl】键，鼠标点击"蓝副本"

通道的缩览图载入选区。选择 RGB 复合通道并切换至【图层】面板单击背景图层，按下【Ctrl+C】组合键执行【复制】命令。

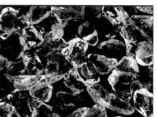

图 9-18　　　　　　　　　　图 9-19

打开图 9-7 素材文件，如图 9-20 所示。

图 9-20

按下【Ctrl+V】组合键执行【粘贴】命令，得到"图层 1"。按【Ctrl+T】组合键执行【自由变换】命令调整图像大小，鼠标左键双击图像确定，如图 9-21 所示。

图 9-21

将"图层 1"的混合模式设置为【柔光】，效果如图 9-22 所示。

按下【Ctrl】组合键，复制图层 1，得到"图层 1 副本"，将"图层 1 副本"的图像混合模式设置为【强光】，效果如图 9-23 所示。合成后的图像对比度较弱，图像亮度过高。

图 9-22

图 9-23

单击【创建新的填充或调整图层】按钮，在弹出的菜单中执行【曲线】命令，参数设置如图 9-24 所示，最终效果如图 9-25 所示。

图 9-24　　　图 9-25

三、通道计算水晶字效果实例

打开图 9-8 素材文件，如图 9-26 所示。

图 9-26

通道计算水晶字效果实例 操作

点击【通道】面板右上角的菜单按钮，在通道菜单中执行【新建通道】命令，如图 9-27 所示，弹出【新建通道】对话框，将其命名为"4"（表示第四通道编号），如图 9-28 所示。

图 9-27　　　　　　图 9-28

将前景色设置为白色。选择【文字工具】或按下【T】键，在通道 4 上输入文字"琥珀"，调整好文字大小后取消选区，如图 9-29 所示。

图 9-29

复制通道 4，得到通道 5。对通道 5 执行【滤镜—模糊—高斯模糊】命令，为通道 5 图像添加模糊效果，如图 9-30 所示，效果如图 9-31 所示。

图 9-30　　　　　　图 9-31

复制通道 5，得到通道 6，对其执行【选择—载入选区】命令，在弹出的对话框中载入通道

4 的选区，如图 9-32 所示。执行【选择—反向】命令，或按下【Shift+Ctrl+I】组合键，将反选区域填充成黑色，如图 9-33 所示。

图 9-38

复制通道 4，得到通道 8。对通道 8 执行【滤镜—其它—位移】命令，在弹出的【位移】对话框中将水平参数设置为"6"，垂直参数设置为"4"，点选"重复边缘像素"选项，如图 9-39 所示，图像将水平/垂直移动，效果如图 9-40 所示。

图 9-32　　　　　　　　　　图 9-33

执行【图像—计算】命令，在【计算】对话框中的"结果"下拉列表中选择"新建文档"，混合设置为"正常"，如图 9-34 所示。把新建的文件保存为 PSD 格式，作为替换图形，然后关闭该文件。如图 9-35、图 9-36 所示。

图 9-34　　　　　　　　　　图 9-35

图 9-36

执行【图像—计算】命令，在【计算】对话框"结果"下拉列表中选择"新建通道"，参数设置如图 9-37 所示，点击【确定】按钮创建通道 7，如图 9-38 所示。

图 9-37

图 9-39　　　　　　　　　　图 9-40

执行【滤镜—模糊—高斯模糊】命令，在弹出的【高斯模糊】对话框中将模糊滑块拖动至如图 9-41 所示位置，效果如图 9-42 所示。

图 9-41　　　　　　　　　　图 9-42

执行【图像—调整—亮度/对比度】命令，在弹出的【亮度/对比度】对话框中将滑块拖动到如图 9-43 所示位置，效果如图 9-44 所示。

图 9-43　　　　　　　　　　图 9-44

复制通道8，得到通道9。对通道9执行【滤镜—其它—位移】命令，在弹出的【位移】对话框中设置如图9-45所示参数，效果如图9-46所示。

图9-45　　　　　图9-46

执行【图像—计算】命令，在弹出的【计算】对话框中设置各项参数，如图9-47所示，点击【确定】按钮创建通道10，如图9-48所示。

图9-47　　　　　图9-48

执行【图像—调整—反相】命令，对通道10进行反相处理，再执行【图像—调整—色阶】命令，加强通道的对比度，设置参数如图9-49所示。

图9-49

执行【图像—计算】命令，在弹出的【计算】对话框中设置各项参数，在"结果"下拉列表中选择"新建通道"，如图9-50所示。点击【确定】按钮创建通道11，然后对其执行【图像—调整—反相】命令，对通道11进行反相处理，如图9-51所示。

图9-50　　　　　图9-51

执行【图像—调整—色阶】命令，在弹出的【色阶】对话框中设置参数，如图9-52所示。在对话框中单击【吸管工具】按钮，在通道11的灰色区域内单击鼠标左键，效果如图9-53所示。

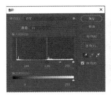

图9-52　　　　　图9-53

执行【选择—载入选区】命令，在弹出的【载入选区】对话框中设置参数，如图9-54所示，将选区填充黑色，如图9-55所示。

图9-54　　　　　图9-55

选择通道11，对其执行【图像—调整—色阶】命令，在弹出的【色阶】对话框中调整图像的对比度，如图9-56所示，效果如图9-57所示。

图9-56　　　　　图9-57

选择RGB通道，或者按下【Ctrl+2】组合键，切换到 RGB 复合通道。按下【Ctrl】键，鼠标左键单击通道 4 载入选区。执行【滤镜—扭曲—置换】命令，在弹出的【置换】对话框中设置相应的参数，如图 9-58 所示。按下【确定】按钮后在弹出的对话框中选择并打开之前保存的 PSD 文件，如图 9-59 所示，效果如图 9-60 所示。

图 9-58

图 9-59

图 9-60

执行【图像—调整—色彩平衡】命令，在弹出的【色彩平衡】对话框中调整通道 4 选区内的色彩，各项参数设置如图 9-61 所示，效果如图 9-62 所示。

图 9-61

图 9-62

按下【Ctrl】键，鼠标单击左键载入选区，执行【图像—调整—色阶】命令，在弹出的【色彩平衡】对话框中调暗选区的范围，如图 9-63 所示，效果如图 9-64 所示。

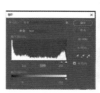
图 9-63

图 9-64

按下【Ctrl】键，鼠标左键单击通道 11 载入选区，执行【图像—调整—色阶】命令，在弹出的【色彩平衡】对话框中调亮选区范围，如图 9-65 所示，效果如图 9-66 所示。

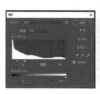
图 9-65

图 9-66

四、通道制作纹理渲染效果实例

打开图 9-9 素材文件，将前景色设置为白色，在【通道】面板中创建新通道并命名为 4，选择【画笔工具】并调整好画笔大小（50 像素、硬度为 100%），在通道 4 中使用【文字工具】输入"尘埃落定"4 个字，如图 9-67 所示。

图 9-67

复制通道4，得到通道5，对其执行【滤镜—模糊—高斯模糊】命令，弹出如图 9-68 所示对话框，将半径设置为 7.6 像素，效果如图 9-69 所示。

图 9-68　　　　图 9-69

对通道 5 执行【图像—计算】命令，在弹出的【计算】对话框中设置参数，在"结果"下拉列表选择"新建通道"，如图 9-70 所示。点击【确定】按钮创建通道 6，如图 9-71 所示。

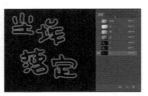

图 9-70　　　　图 9-71

对通道 6 执行【图像—调整—色阶】命令，在弹出的【色阶】对话框中将高光滑块拖动到如图 9-72 所示位置，效果如图 9-73 所示。

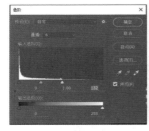

图 9-72　　　　图 9-73

对通道 6 执行【滤镜—风格化—扩散】命令，弹出【扩散】对话框，模式选择"正常"，如图 9-74 所示。对通道 6 多次执行【扩散】命令，效果如图 9-75 所示。

图 9-74　　　　图 9-75

选择 RGB 通道，或者按下【Ctrl+2】组合键，切换到 RGB 复合通道。对其执行【滤镜—渲染—光照效果】命令，弹出【光照效果】属性面板，选择选项栏预设下拉菜单中的"平行光"选项（根据图像的光线分布模拟自然光效果），在属性面板纹理下拉菜单中选择"通道6"，然后拖动控制杆调整光照的角度，如图 9-76 所示。

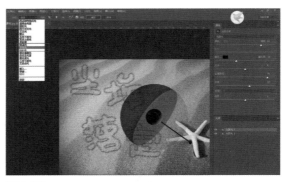

图 9-76

在【光照效果】属性面板中设置各选项参数，单击着色选项右边的黑色色块，弹出【拾色器（环境色）】对话框，在对话框中选择适当的颜色，如图 9-77 所示。操作完成点击【确定】按钮。

执行【图像—调整—色阶】命令，将黑色滑块拖动到如图 9-78 所示位置，单击【确定】按钮，效果如图 9-79 所示。

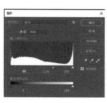

图 9-78   图 9-79

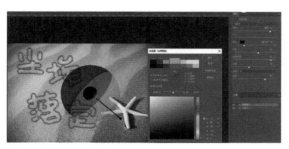

图 9-77

第十章
滤镜与智能滤镜

本章导读

本章主要对 Photoshop 软件中的滤镜进行介绍，内容包括滤镜的分类、滤镜库、高级滤镜、智能滤镜的用法、智能蒙版的处理与编辑。

精彩看点

● 滤镜库
● 智能滤镜

学习素材

第一节 滤镜的概念

滤镜主要是用来实现图像的各种特殊效果。它在 Photoshop 中具有非常神奇的作用。在 Photoshop 中所有的滤镜效果都分类放置在菜单中，使用时只需要从该菜单中执行某个命令即可。滤镜的操作非常简单，但是真正用起来却很难恰到好处。

滤镜是 Photoshop 的特效库，其中包含多种效果每种滤镜都可以制作出一种特殊的效果。通常滤镜也同通道、图层等联合使用，以制作出最佳的艺术效果。如果想更好地利用滤镜效果，用户除了要具备一定的美术功底之外，还需要对滤镜有一定的熟悉度及具备丰富的想象力，以便更熟练地操控软件。

第二节 滤镜的分类与应用

滤镜库是多个滤镜组的集合，这些滤镜组

中包含了大量的常用滤镜。我们把一些较为复杂，可以实现更高级的处理效果滤镜称为高级滤镜。

一、滤镜库

（一）【滤镜库】对话框

Photoshop CS6 "滤镜库" 整合了多个常用滤镜组。我们可以应用多个滤镜或多次应用某个滤镜，还可以重新排列滤镜或更改已应用的滤镜设置对图像进行处理。

执行【滤镜—滤镜库】命令，弹出如图 10-1 所示对话框。【滤镜库（100%）】对话框中提供了风格化、扭曲、画笔描边、素描、纹理和艺术效果 6 个滤镜组。通过打开某一个滤镜组并选择相应的缩览图即可对当前图像进行调整，应用滤镜后的效果显示在左侧的 "预览窗口" 中，如图 10-1 所示。

图 10-1【滤镜库】对话框

（二）【滤镜库】对话框各个区域的作用

1. 预览区：用来预览滤镜效果。

2. 参数设置区：单击滤镜库中的某个滤镜，在该区域对当前使用的滤镜参数进行设置。

3. 命令缩览图区：单击滤镜组三角形下拉按钮，在弹出的下拉列表中选择一个滤镜。

4. 滤镜层控制区：这是【滤镜库】对话框中的一大亮点，该区域能实现应用多个滤镜同时进行叠加，并且还可以随意调整滤镜顺序。单击【新建效果图层】按钮即可在滤镜控制区添加一个滤镜效果图层。选择需要添加的滤镜效果并调整参数，就可以为图像增加一个滤镜效果。

（三）【滤镜库】操作实例

1. 打开图 10-1 素材文件，如图 10-2 所示。

图 10-2

2. 使用【工具】面板中的【快速选择工具】配合【Shift】键框选，创建选区，如图 10-3 所示。

图 10-3 选择背景选区

3. 执行【滤镜—滤镜库】命令，弹出【滤镜库】对话框。单击【艺术效果】滤镜组，打开该滤镜列表。点击【彩色铅笔】滤镜缩览图，右侧弹出当前所选滤镜参数设置选项。然后点击【新建效果图层】按钮，再单击【涂抹棒】滤镜缩览图，对话框右侧弹出当前选择滤镜参数设置选项。预览窗口将实时显示应用滤镜后的图像效果，如图 10-4 所示。

图 10-4 彩色铅笔效果叠加涂抹棒效果

4. 完成滤镜效果设置后，点击【确定】按钮，关闭【滤镜库】对话框；按【Ctrl+D】组合键取消选区，效果如图 10-5 所示。

图 10-5 完成效果

二、【液化】滤镜

（一）【液化】滤镜的特点

利用【液化】滤镜可以做出逼真的模拟液体流动的效果。使用该滤镜用户可以制作出弯曲、漩涡、扩展、收缩、移位及反射等效果。

（二）【液化】滤镜的使用

按下【Ctrl+O】组合键，打开图 10-2 素材文件，如图 10-6 所示。

图 10-6 素材文件

执行【滤镜—液化】命令，打开【液化】对话框，如图 10-7 所示。

图 10-7 【液化】对话框

勾选【液化】对话框中的高级模式。

下面按照上图中所示的标示，详细介绍各区域中的功能。

1.【向前变形工具】：选择此工具在图像上单击并拖动鼠标，可以使图像随着涂抹产生变形效果。

2.【重建工具】：使用此工具在图像上拖动鼠标，可以使操作区域恢复原状。

3.【顺时针旋转扭曲工具】：使用此工具在图像上长按鼠标左键，可以使图像产生顺时针旋转效果。

4.【褶皱工具】：使用此工具在图像上长按鼠标左键，可以使图像产生挤压效果。

5.【膨胀工具】：使用此工具在图像上长按鼠标左键，可以使图像产生膨胀效果。

6.【左推工具】：使用此工具在图像上长按并拖动鼠标，可以移动图像。

7.【冻结蒙版工具】：使用此工具可以冻结图像，被此工具涂抹过的图像区域无法再进行编辑。

8.【解冻蒙版工具】：使用此工具可以解除冻结工具所冻结的区域，使其还原为可编辑状态。

9.【抓手工具】：使用此工具可以在预览窗口中查看被放大的图像。

10.【缩放工具】：使用此工具在图像上单击鼠标左键，图像就会放大到下一个预定的百分比。

11.【画笔大小】：拖动滑块可以设置上述各工具操作影响区域范围。

12.【画笔压力】：拖动滑块可以设置上述各工具操作影响图像程度大小。

13.【重建】按钮：在重建选项区域中单击该按钮后弹出【恢复重建】对话框，在对话框中调整液化效果。

14.【显示图像】复选框：勾选后可以显示预览窗口中的图像。

15.【显示网格】复选框：勾选后可以显示预览窗口中辅助操作的网格。

16.【网格大小】下拉列表：可以从中选择相应的选项，定义网格的大小。

17.【网格颜色】下拉列表：可以从中选择相应的选项，定义网格的颜色。

在【液化】操作过程中因为【向前变形工具】有可能会影响图像中不需要修改的地方，所以在使用此工具前要先将会被影响到的区域冻结。

在变形操作中人物脸部变形会影响到头发。

选择【冻结蒙版工具】，在人物的背景、头发处涂抹，效果如图 10-8 所示。

图 10-8

选择【向前变形工具】，在【液化】对话框右上角"工具选项"中将画笔密度设置为90，画笔压力设置为100%，适当调整画笔大小，然后在人物的下巴、脸颊部位向内向外拖动，效果如图 10-9 所示。

图 10-9

三、【油画】滤镜

（一）【油画】滤镜的特点

将人物照片转为仿油画效果，只需要执行【滤镜—油画】命令即可，如图 10-10 所示。

图 10-10

不过，Photoshop 软件【油画】滤镜在 CS4、CS5 版本均出现过，其后的版本取消了该滤镜，因为此滤镜对电脑硬件要求比较高。在【油画】滤镜对话框，需要图像硬件加速之类的，即使在首选项里面设置勾选了，还是会弹出以下对话框，提示正在使用的滤镜遇到未知的图形处理器错误。

如果【油画】滤镜无法使用，那我们就自己动手模仿油画滤镜效果。

图 10-11 错误对话框

（二）使用【调整图层】与【滤镜】模仿油画效果

【油画】滤镜效果制作步骤如下：

1.打开图 10-3 素材文件如图 10-12 所示。双击背景图层对其进行解锁。

图 10-12

2.点击【调整】面板中的【创建新的色阶调整图层】按钮，新建图层"色阶 1"，在属性面板中将中间灰色值更改为 0.85（操作目的：将图像总体调暗一点儿），如图 10-13 所示。色阶分布状态如图 10-14 所示。

图 10-13 调整图层　　图 10-14 色阶分布状态

111

3. 点击【调整】面板中的【创建新色相 / 饱和度调整图层】按钮，新建图层"色相 / 饱和度 1"，将饱和度值设置为 20（操作目的：主要是使人的肤色更加红润），如图 10-15 所示。

4. 按下【Shift + Ctrl + Alt + E】组合键，盖印可见图层，得到图层 1，如图 10-16 所示。

图 10-15 【色相 / 饱　图 10-16 盖印可见图层
和度】属性面板

5. 执行【滤镜—滤镜库—干画笔】命令，并调整参数，如图 10-17 所示。

图 10-17 干画笔

6. 执行【滤镜—滤镜库—纹理化】命令，并调整参数，如图 10-18 所示。

图 10-18 纹理化

7. 将图层 1 的混合模式设置为"滤色"。（操作目的：提亮图像），效果如图 10-19 所示。

图 10-19 油画效果

四、【自适应广角】滤镜

（一）【自适应广角】滤镜的特点

Photoshop 为摄影师提供了一些更简单易用且功能强大的功能，【自适应广角】滤镜就是其中之一。该功能设计的初衷是用来校正广角镜头畸变，不过它其实还有一个更强大的功能：找回由于拍摄时相机倾斜或仰俯丢失的平面。

我们首先来看它的原始功能：校正广角镜头畸变。【自适应广角】滤镜功能的设计思路是由用户直接在画面中指定直线段。在原始照片中，由于畸变原本应该是直线的线段会变成曲线，Photoshop 会将任意用户指定的线条变成直线，从而达到校正畸变的目的。

（二）【自适应广角】滤镜的使用方法

1. 打开图 10-4 素材文件，执行【滤镜—自适应广角】命令，如图 10-20 所示。Windows 系统下的快捷键为【Shift+Ctrl+A】组合键。

图10-20 素材文件

2.弹出【自适应广角】对话框,进入功能界面后,软件会先自动进行校正(注意画面四角的弯曲)。在默认状态下,我们可以直接在照片上拖动鼠标拉出一条直线段。在画线过程中,拉出的线条会自动贴合画面中的线条,即表现为曲线。这样是为了指定要处理的线条,松开鼠标后曲线就会变成直线。如图10-21所示。

图10-21

3.按照同样的方法,依次将所有发生畸变的线条都约束为直线,完成校正工作。如果需要让某些线段水平或垂直,可以在线段上点击鼠标右键,约束其角度,如图10-22所示。

图10-22

4.经过校正的图片四周会出现大片空白,因此下一步操作就要从中剪裁出画面,这样做肯定会损失一部分画面。原始画面中的曲线越多,校正的程度越大,损失的边界画面就越多。因此在拍摄时可以适当增加取景范围,为后期校正留出余地。考虑到【自适应广角】滤镜的特点:约束直线段和角度。我们可以用它来找回丢失的平面。例如,如果拍摄过程中相机倾斜,原来应该是标准矩形的被摄体平面就会变成梯形或菱形。在 Photoshop CS6 和较早的版本中,我们可以使用【镜头校正】工具。但如果同时存在前后和上下倾斜,那么要找到正确的平面会非常困难,如图10-23所示。

图10-23 经过裁切的画面

五、【场景模糊】滤镜

(一)【场景模糊】滤镜的特点

这款滤镜可以对图片进行焦距调整,跟我们用相机拍摄照片的原理一样,选择相应的主体物后,主体物之前及之后的物体就会变得模糊。选择的镜头不同,模糊的方法也略有不同。不过【场景模糊】滤镜可以对一幅图片全局或多个局部进行模糊处理。界面内包含"光圈模糊"与"倾斜偏移"。

(二)【场景模糊】滤镜的使用

1.打开图10-5素材文件,如图10-24所示。执行【滤镜—模糊—场景模糊】命令,即可弹出【场景模糊】设置面板,图片的中心会

图 10-24

出现一个圆，同时鼠标会变成一个右下角带有"+"号的大头针，在图片需要模糊的位置点一下鼠标左键就可以新增一个模糊区域。鼠标左键点击模糊圈的中心就可以选择相应的模糊点，按住鼠标可以移动模糊点，按【Delete】键可以删除。可以在数值栏设置参数，如图 10-25 所示。

图 10-25

2. 光圈模糊选项用来模拟大光圈镜头的虚化效果。简单来说，就是由用户在画面中指定一个需要保持清晰的区域，软件将在指定区域外围做模糊处理，如图 10-26 所示。

图 10-26

3. 倾斜偏移选项的英文名称是"Tilt-Shift"，有移轴摄影之意，是用来模拟移轴镜头的虚化效果的，如图 10-27 所示。

图 10-27

4. 模糊效果选项中有：光源散景、散景颜色、光照范围三个子选项。这里介绍一下"散景"这个摄影术语，散景是图像中焦点以外的发光区域，类似光斑效果。

光源散景：控制散景的亮度，也就是图像中高光区域的亮度，数值越大亮度越高。

散景颜色：控制高光区域的颜色，由于是高光，颜色一般都比较浅。

光照范围：用色阶来控制高光范围，范围为 0~ 255，数值越大高光范围越大，反之高光就越少，这个我们可以自由控制，效果如图 10-28 所示。

图 10-28

第三节 智能滤镜

一、智能滤镜的特点

应用于智能对象的任何滤镜都称为智能滤镜。智能滤镜出现在【图层】面板中智能对象图层的下方。我们可以对智能滤镜进行调整、移去或隐藏，所以这些滤镜是非破坏性的。

除【液化】和【消失点】之外，可以对智能对象应用任意滤镜(可与智能滤镜一起使用)。此外，可以将【添加图层样式】和【创建新的填充或调整图层】作为智能滤镜应用。

选择智能对象图层，为其添加滤镜效果，然后设置滤镜选项，还可以对其进行调整、重新排序或删除。

要展开或折叠智能滤镜的视图，单击【图层】面板中的智能对象图层右侧的【智能滤镜】图标(此方法还可以显示或隐藏【图层样式】)。或者，选择【图层】面板菜单中【面板选项】，然后在【图层面板选项】对话框中勾选【扩展新效果】。

二、智能滤镜的使用

(一)添加智能滤镜

1. 智能滤镜无损编辑图片，还可以不断调整滤镜效果，是一种很受欢迎的功能。首先打开图 10-6 素材文件，如图 10-29 所示。将背景图层转化为普通图层，或者【Ctrl+J】组合键复制图层，如图 10-30 所示。

图 10-29   图 10-30

2. 对图层执行【滤镜—转化为智能滤镜】命令，如图 10-31 所示。

图 10-31

滤镜与智能滤镜实例操作视频

3. 转化完成后，图层缩览图发生了变化，然后对其执行【高斯模糊】命令，模糊是在图层的下级图层上，还可以点击【可视】按钮关闭模糊效果，如图 10-32 所示。

图 10-32

4. 双击智能滤镜图层"高斯模糊"，重新编辑滤镜效果，以达到多次修改的目的，如图 10-33 所示效果。

图 10-33 重新编辑智能滤镜

(二)编辑智能蒙版

智能蒙版的使用方法和效果与普通蒙版十分相似，可以用来隐藏滤镜处理图像后的图像效果，同样是使用黑色来隐藏图像，使用白色

图 10-34　智能蒙版

图 10-37

来显示图像，而灰色则可以产生不透明效果。编辑智能蒙版同样需要使用【画笔工具】、【渐变工具】等，如图 10-34 所示。

我们也可以对智能蒙版进行添加或者删除，在滤镜效果蒙版缩览图或者"智能滤镜"这几个字上点击鼠标右键，在弹出的快捷菜单中执行【删除滤镜蒙版】命令或者选择【添加滤镜蒙版】命令。也可执行【图层—智能滤镜—删除智能蒙版】命令或【图层—智能滤镜—添加智能蒙版】命令，如图 10-35、图 10-36 所示。

四、停用智能滤镜蒙版

按住【Shift】键并单击【图层】面板中的智能滤镜蒙版缩览图。

选择【图层】面板中的智能滤镜蒙版缩览图，然后鼠标右键单击智能滤镜蒙版，在弹出的菜单中选择【停用智能滤镜】。

执行【图层—智能滤镜—停用智能滤镜】命令。

当停用智能滤镜蒙版时，智能滤镜蒙版缩览图上将出现一个红色的"×"，并且会出现不带蒙版的智能滤镜。按下【Shift】键并再次单击智能滤镜蒙版缩览图重新启用蒙版。

停用智能滤镜的操作方式与停用智能滤镜蒙版基本相同。

图 10-35 删除智能蒙版　　　　图 10-36 添加智能蒙版

三、编辑智能滤镜

智能滤镜的优点在于可以反复编辑滤镜参数，直接在【图层】面板中双击要修改的滤镜名称即可进行编辑，还可以编辑智能滤镜的混合选项。如图 10-37 为使用【画笔工具】在智能滤镜图层上进行涂抹所产生的效果。

编辑某个智能滤镜时将无法预览堆叠在其上方的滤镜效果，编辑完成后，Photoshop 会再次显示堆叠在其上方的滤镜效果。

第十一章
数码设计综合案例讲解

本章导读

    本章主要学习使用 Photoshop 进行数码设计，重点学习标准 1 寸证件照后期处理、庭院规划彩色平面图的绘制、水果店网页界面设计、婚礼邀请函设计四个案例。将所学知识运用于数码媒体设计领域，结合案例进一步加深该软件各工具的应用学习，提高学生的综合绘图实践能力和创新能力。

精彩看点

- ●标准 1 寸证件照后期处理
- ●通道抠图详细讲解
- ●庭院规划彩色平面图的绘制
- ●路径的编辑与选择工具的使用方法
- ●水果店网页界面设计
- ●婚礼邀请函设计

学习素材

第一节 标准 1 寸证件照后期处理

    证件照可以作为个人名片、企业宣传手册和企业网站上的重要元素。我们可以将自己平时用手机拍摄的照片制作成证件照。图 11-1 为一张正面的免冠照片，经过处理变成标准的证件照。

    使用【剪裁工具】将头像裁剪为标准 1 寸照，并进行美化处理；然后使用【通道】进行抠图，处理头像背景并填充颜色；最后将处理好的 1 寸照片排在 5 寸照片纸上。具体制作步骤如下：

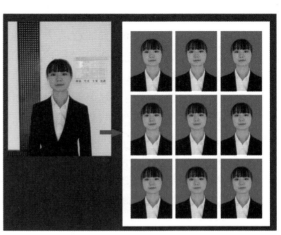

图 11-1

在 Photoshop 中打开本书配套光盘中的第十一章素材/第一节/照片文件,如图 11-2 所示。

图 11-2

设置剪裁参数。选择【剪裁工具】,在选项栏中选择"大小和分辨率",设定好具体的参数,标准 1 寸照片宽 2.5 厘米,高 3.7 厘米,分辨率为 300 像素/厘米,如图 11-3 所示。

图 11-3

剪裁图片。按下【Shift】键对剪裁框进行缩放,将照片移动到恰当位置,注意头顶空白不能留得太多,左右距离保持平均,然后按下【Enter】键,如图 11-4 所示。

处理背景瑕疵。使用【吸管工具】吸取图像中背景的墙面颜色设置成前景色,使用【多边形套索工具】选择背景中杂乱部分,按下【Alt+Delete】键后填充前景色,使整个背景色保持相对统一。人像面部的小斑点,使用【仿制图章】同时配合【Alt】键进行美化处理,效果如图 11-5 所示。

标准证件照后期处理 操作频

图 11-4   图 11-5

运用通道抠图来处理背景。通道即选区,也就是说建立通道就是建立选区;修改通道就是修改选择范围。那么选区是如何形成的呢?简单地说,通道中不同的颜色形成不同的选择范围,黑或白可以理解为保留还是不保留,例如保留白色还是保留黑色,本案例的人物头像是我们需要突出的区域,我们将其处理为黑色,灰色可以理解为模糊、透明,这里我们统一将人物头像处理为黑色。在【图层】面板中对背景图层进行复制,切换至【通道】面板,复制绿色通道,关闭隐藏其他通道。对"绿副本"通道执行【图像—调整—亮度/对比度】命令,加强照片对比度,将对比度调整至最大,效果如图 11-6 所示。

图 11-6

使用【多边形套索工具】选中通道中人物头像面部、颈部及白色衬衣区域,按下【Alt+Delete】键将其填为黑色(即前景色),按下【Ctrl+I】键反相,这个时候人物头像就变成了白色,选择绿副本通道载入选区,选中人物头像，通道抠图的优点是可以精确到人物头像的发丝，效果如图 11-7 所示。

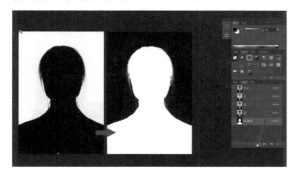

图 11-7

删除【通道】面板中的绿副本，切换至【图层】面板，按下【Ctrl+Shift+I】键执行【反选】命令，并填充颜色，色值为 R:97，G:2，B:2，这样一张标准的 1 寸红底照片就制作完成了，如图 11-8 所示。

图 11-8

新建 5 寸照片文件，宽度设置为 8.9 厘米，高度设置为 12.7 厘米，分辨率为 300 像素 / 厘米，5 寸照片文件的分辨率大小一定要和 1 寸照片文件分辨率大小一致，参数设置如图 11-9 所示。

图 11-9

将标准的 1 寸红底照片移动至 5 寸照片文件中，按下【Ctrl+J】键复制图层，先将这张 1 寸照片图层复制 2 次，然后按下【Ctrl+E】键执行【合并】命令，将这 3 张 1 寸照片合并为一个图层；再次按下【Ctrl+J】键复制图层，复制 2 次，最后配合【Shift】键垂直移动对齐排版，效果如图 11-10 所示。

图 11-10

第二节 庭院规划彩色平面图的绘制

建筑物前后左右或被建筑物包围的场地统称为庭院。庭院规划内容包括：花圃、花坛、回廊、水系、池塘、水景、鱼塘、门廊、走廊、屋顶绿化、居住小区、小区内人行道、公共绿地等。庭院规划彩色平面图的内容多为建筑周边环境规划，包括构筑物、小品、水景、绿色植物景观等元素的户外环境设计，设计原则为"融合为主，兼具突出"；有时不同的案例需要做出不同的色彩方案，设计师应根据具体情况灵活处理。在 Photoshop 中绘图时，为了方便编辑，往往会新建很多图层，过多的图层会导致设计师难以快速查找需要编辑的图层，同时还增加了文件大小，影响软件反应速度，所以建议在新建图层的同时给图层文件重新命名。要先对决定平面图整体感觉的大色块进行上色，顺序为草地绿化景观、铺地、水体、构筑物及家居小品，也可根据实际方案进行适当调整，上色方式有纯色填充和真实纹理贴图填充两种，大色块推荐为纯色填充，这样做的好处是制作速度快且效果统一协调。本节所要完成的庭院规划彩色平面图如图 11-11 所示。

图 11-11

接下来为大家详细介绍本实例的具体绘制过程及各种工具的使用。首先在 AutoCAD 软件虚拟打印生成 pdf 格式图像文件，再在 Photoshop 软件中打开本书配套光盘第十一章素材 / 第二节 / 庭院规划平面布局 .PDF 文件，分辨率设置为 150 像素 / 厘米，如图 11-12 所示。新建文件为 A3 图纸大小，宽度为 42 厘米，高为 29.7 厘米，分辨率为 150 像素 / 厘米，将其命名为"第二节庭院规划彩色平面图"。

图 11-12

将庭院规划平面布局 PDF 文件中的透明轮廓线移至"第二节庭院规划彩色平面图"文件中，图层命名为"庭院布局 CAD 图层 1"，如图 11-13 所示。

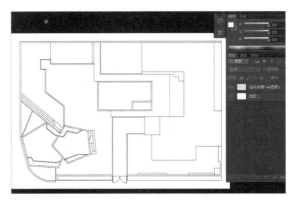

图 11-13

打开本书配套光盘第十一章 / 第二节 / 庭院规划平面布局 2.PDF 文件，分辨率设置为 150 像素 / 厘米。将其移动至"第二节庭院规划彩色平面图"文件中，并将图层命名为"庭院布局 CAD 图层 2"，如图 11-14 所示。

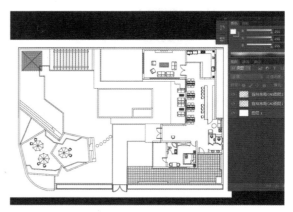

图 11-14

新建绿色草坪图层，选择"庭院布局 CAD 图层 1"，选择【魔棒工具】并配合【Shift】键选择绿色景观区域，对其进行填充，色值为 R:186，G:234，B:97，其他区域色值填充为 R:169，G:204，B:162，效果如图 11-15 所示。

庭院规划彩色平面图 操作视频

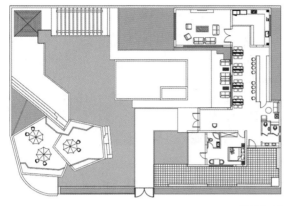

图 11-15

使用【魔棒工具】选择草坪，再选择【画笔工具】，笔尖大小设置为 92 像素，硬度设置为 100%，颜色设置为 R:148，G:218，B:108，对草坪进行绘制，如图 11-16 所示。

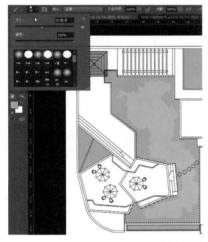

图 11-16

新建"灌木"图层，选择【图层】面板点击【添加图层样式】按钮，对其进行描边，描边大小为 1 像素，并添加投影，投影不透明度设置为 52%，距离为 10 像素。选择【画笔工具】，笔尖大小设置为 92 像素，颜色设置为 R:97，G:158，B:112，完成灌木绘制。按下【Shift】键加选，使用相同的方法绘制其他草坪区域，如图 11-17 所示。

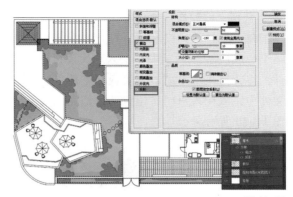

图 11-17

新建"地面铺装"图层，选择"庭院布局 CAD 图层 1"，使用【魔棒工具】选取景观露台区域，再切换到"地面铺装"图层填充颜色，色值设置为 R:255，G:218，B:226，如图 11-18 所示。

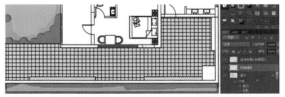

图 11-18

打开本书配套光盘中的"黄木纹碎拼贴图"素材，执行【编辑—自定义图案】命令，在弹出的【图案名称】对话框中单击【确定】按钮。选择"庭院布局 CAD 图层 1"，使用【魔棒工具】选择大门口入口过道区域，切换到"地面铺装"图层，选择【油漆桶工具】，在选项栏中设置填充区域的源，选择"图案"选项。打开"图案"拾色器选择"黄木纹碎拼贴图"并进行图案填充。完成效果如图 11-19 所示。

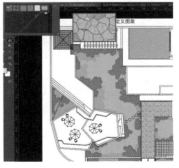

图 11-19

选择"庭院布局 CAD 图层 1",使用【魔棒工具】选择入户门区域,打开本书配套光盘第十一章 / 第二节 / 素材中的入户大理石拼图文件,将其拖入"第二节庭院规划彩色平面图"文件中,放在入户门口位置,调整完成效果如图 11-20 所示。

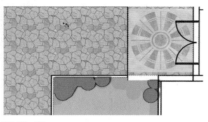

图 11-20

打开本书配套光盘第十一章 / 第二节 / 素材中的防腐木贴图文件,执行【编辑—定义图案】命令,在弹出的【图案名称】对话框中单击【确定】按钮。选择"庭院布局 CAD 图层 1",使用【魔棒工具】选择游泳池旁木质平台区域,切换到"地面铺装"图层,点击【油漆桶工具】选择防腐木贴图进行图案填充;使用同样的方法定义"砖边带"贴图,对路沿边带区域进行填充;将前景色色值设置为 R:186,G:175,B:174,对廊架、景观凉亭和休闲广场区域进行填充,完成效果如图 11-21 所示。

图 11-21

将前景色设置为 R:247,G:226,B:221,对台阶区域进行填充,完成效果如图 11-22 所示。

新建水景图层,将前景色设置为 R:131,G:200,B:255,对休闲游泳池和生态水池区域进行填充,完成效果如图 11-23 所示。

 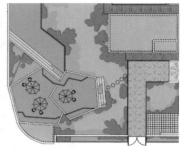

图 11-22 　　　　　图 11-23

新建"小乔木"图层。打开本书配套光盘第十一章 / 第二节 / 素材中的植物素材库文件,将小乔木拖入绿色区域,注意植物间的疏密关系。点击【图层】面板中的【添加图层样式】按钮,为其添加投影,将投影的不透明度设置为 75%,距离设置为 15 像素,完成效果如图 11-24 所示。

图 11-24

新建"中乔木"图层。将植物素材库文件中的乔木拖入绿色区域,注意植物间的疏密关系。点击【图层】面板中的【添加图层样式】按钮,为其添加投影,将投影的不透明度设置为 75%,距离设置为 30 像素,图层透明度设置为 87%,完成效果如图 11-25 所示。

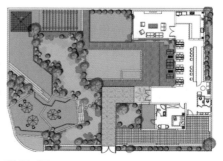

图 11-25

新建"楠竹"图层。将植物素材库文件中的楠竹拖入绿色区域,注意植物间的疏密关系。点击【图层】面板中的【添加图层样式】按钮,为其添加投影和描边,描边为黑色,大小设置为1像素;将投影不透明度设置为41%,距离设置为16像素,完成效果如图11-26所示。

图 11-26

新建"大乔木"图层。将植物素材文件中的大乔木拖入绿色区域,因为该部分面积比较小,只种植3棵大乔木。点击【图层】面板中的【添加图层样式】按钮,为其添加投影,将不透明度设置为75%,距离设置为45像素,图层不透明度设置为60%。

新建"菜园植物"图层,将植物素材文件中的菜园拖入绿色区域,为其添加投影,完成效果如图11-27所示。

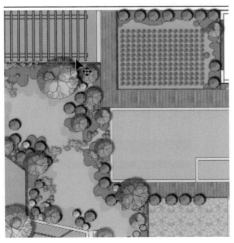

图 11-27

新建"景观凉亭"和"廊架"图层,分别对其进行填充,廊架颜色填充为 R:140,G:91,B:21,景观凉亭颜色填充为 R:133,G:76,B:31。受光面明度高,背光面明度相对较低,同时为其添加阴影,将不透明度设置为75%,距离设置为38像素,完成效果如图11-28所示。

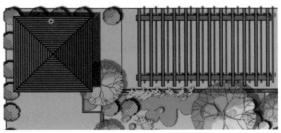

图 11-28

新建"太阳伞"图层,对其进行填充,色值设置为 R:255,G:253,B:204,同时为其添加阴影,将不透明度设置为75%,距离设置为33像素,完成效果如图11-29所示。

新建"藤蔓植物"图层,将植物素材文件中的藤蔓植物拖入廊架上,为其添加投影,完成效果如图11-30所示。

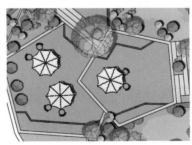

图 11-29

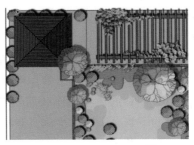

图 11-30

新建"家具"图层。将第十一章 / 第二节 / 素材中的家具文件拖入画布中，为其添加投影，完成效果如图 11-31 所示。

图 11-31

新建"图标和指北针"图层。绘制图标，完成各景点的标识说明，并将图标移动至相应位置，庭院规划彩色平面图完成，如图 11-32 所示。

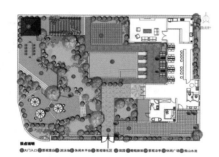

图 11-32

第三节 水果店网页界面设计

我们可以利用前面所学的知识，制作一个个人网页，或者制作自己所在班级的班级网页及温馨家庭网页。这里我们制作一个水果店网页界面，来对前面所讲的工具进行综合练习，重点学习文字后期处理、【渐变工具】的运用、图片后期处理与【裁剪工具】等在网页制作中的用法。由于网页的后期制作还需要对 HTML 语言有一定的了解，所以本案例不介绍页面输出保存后的修改及添加链接，主要学习水果店

网页界面的布局与设计。该案例的最终效果如图 11-33 所示。接下来为大家详细介绍本实例的具体制作过程及各种工具的使用。

图 11-33

执行【文件—新建】命令或者按下【Ctrl+N】组合键，新建一个名为"水果店网页界面设计"文件，将图像的宽度设置为 1000 像素，高度设置为 768 像素，分辨率设置为 72 像素 / 英寸，图像"模式"设置为"RGB 颜色"，如图 11-34 所示。

图 11-34

将前景色设置为 R:129，G:190，B:22。新建一个图层，将其命名为"标题区"，使用【矩形选框工具】绘制选区，然后再使用【渐变工具】为选区填充线性渐变。接下来再新建图层，将其命名为"栏目条"，并填充前景色，将图层的不透明度设置为 87%，完成效果如图 11-35 所示。

图 11-35

网页界面设计 操作视频

新建图层，将其命名为"礼品盒"，使用【矩形选框工具】绘制选区并填充颜色，在图层上使用【矩形选框工具】配合【Shift】键绘制2个选区，按下【Delete】键删除选区中的颜色。并将该图层移动至栏目条图层下一层，效果如图11-36所示。

新建一个图层并命名为"店面"，使用【圆角矩形工具】绘制路径，圆角设置为10像素，单击鼠标右键，在弹出的菜单中执行【建立选区】命令，然后填充前景色。使用【文字工具】输入店名"王小二新鲜又美味"将前景色设置为白色并填充。打开第十一章/第三节/素材文件，将"橘子"和"橙汁"图层拖入水果店网页界面设计文件中，效果如图11-37所示。

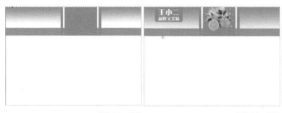

图11-36　　　　　　　　图11-37

使用【文字工具】输入栏目文字，将"素材"文件中的"石榴"和"美味鲜橙"图层拖入水果店网页界面设计文件中，效果如图11-38所示。

图11-38

选择"素材"文件中的木板图层，将其拖入水果店网页界面设计文件中。使用【多边形套索工具】绘制一个锯齿形状的图形，再使用【移动工具】将其移动至广告招牌位置。使用【文字工具】输入"给你看得见的新鲜"文字，对其进行填充，色值为R:129, G:190, B:22，单击【图层】面板中的【添加图层样式】按钮，为其添加斜面和浮雕效果，深度设置为113%，大小设置为4像素，描边设置为3像素，颜色设置为

白色。再次使用【文字工具】输入"新鲜正当季，买水果来王小二"并将其填充为白色，单击【图层】面板中的【添加图层样式】按钮为其描一个绿色的边，效果如图11-39所示。

图11-39

新建图层，将其命名为"水果背景图标"，使用【圆角矩形工具】绘制路径，圆角设置为10像素，点击鼠标右键，在弹出的菜单中执行【建立选区】命令并填充前景色，色值为R:129，G:190，B:22；按下【Ctrl+J】组合键复制图层，其中一层填充为橙色，色值为R:255，G:139，B:1，使用【矩形选框工具】选择上半部分将其删除；按下【Ctrl+J】组合再次复制该图层，并填充为白色，将右边部分删除，再次选择【多边形套索工具】绘制三角形，然后删除该选区，合并3个水果背景图标图层，将前景色设置为R:255，G:139，B:1，然后执行【编辑—描边】命令，将宽度设置为2，点击【确定】按钮，效果如图11-40所示。

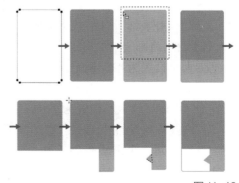

图11-40

对"水果背景图标"进行复制，按下【Ctrl+J】键复制图层 3 次，并将其移动到相应位置上，如图 11-41 所示。

图 11-41

将素材文件中的苹果、荔枝、脐橙、猕猴桃图像拖入水果店网页界面设计文件中。然后使用【文字工具】输入文字并填充上颜色。单击【图层】面板中的【图层样式】按钮，为其添加投影，将投影不透明度设置为 75%，距离设置为 5，效果如图 11-42 所示。

图 11-42

根据需要可以调整"水果背景图标"颜色，使用【魔棒工具】选择图标背景色块，填充颜色即可。新建"枫叶装饰"图层，按下快捷键【F5】打开【画笔】面板，将画笔笔尖形状设置为"枫叶"造型，笔尖大小设置为 41，间距设置为 68%。使用大小抖动设置为 31%，控制设置为"方向"；散布设置为"两轴"，大小设置为 270%，数量设置为 5，数量抖动设置为 19%。启动画笔进行绘制。再次新建一个图层并命名为"价格图层"，使用【文字工具】输入文字，效果如图 11-43 所示。

图 11-43

第四节 婚礼邀请函设计

婚礼邀请函是邀请宾客参加婚礼的重要函文。无论单帖、双帖，在帖文行文方面都大致是一样的。帖文首行顶格书写被邀请者的姓名或被邀请单位的名称。写明被邀请者参加活动的内容及具体时间、地点。该案例的最终效果如图 11-44 所示。

图 11-44

首先执行【文件—新建】命令，或者按下【Ctrl+N】组合键，打开【新建】对话框，输入图像名称"婚礼邀请函"，然后将宽度设置为 21 厘米，高度设置为 9 厘米，分辨率设置为 200 像素 / 厘米，图像模式设置为"RGB 颜色"，如图 11-45 所示。

婚礼邀请函制作操作视频

图 11-45

新建图层将其命名为"背景"，前景色设置为 R:5，G:73，B:149，按下快捷键【Alt+Delete】填充前景色，如图 11-46 所示。

打开第十一章 / 第四节婚礼邀请函制作中的植物花纹图案素材文件，选择【魔棒工具】，使用鼠标点击图像空白处配合【Shift】键进行加选，按下【Ctrl+ Shift+I】组合键反向选择，按下【Alt+Delete】组合键填充前景色，色值为 R:0，G:61，B:143，效果如图 11-47 所示。

图 11-46

图 11-47

将植物花纹图案拖入"婚礼邀请函"文件中，并将图层命名为"装饰背景图案"，按下【Ctrl+ T】组合键，执行【自由变换】命令调整图案大小，对图案进行复制用于装饰背景，完成排列后按下【Ctrl+ E】组合键合并装饰背景图案图层，效果如图 11-48 所示。

图 11-48

按下【Ctrl+ R】组合键显示标尺，在水平方向 2 厘米处使用【矩形选框工具】框选画布下半部分并填充上白色，在背景图案和白色色块交界处使用【矩形选框工具】框选出宽度为 0.1 厘米的条形选区，并将其填充上颜色，色值

为 R:252，G:147，B:246，效果如图 11-49 所示。

图 11-49

选择【工具】面板中的【文字工具】，或者按下快捷键【T】，在选项栏中将字体设置为"黑体"，字号设置为 16 磅，输入文字并将其调整至合适的位置上，效果如图 11-50 所示。

图 11-50

打开第十一章 / 第四节婚礼邀请函制作中的婚纱照素材文件，将其拖入"婚礼邀请函"文件中，按下【Ctrl+T】组合键调整素材图片大小和位置。再次打开素材文件夹选择"飞机"素材，使用【魔棒工具】选择飞机，并将其拖入"婚礼邀请函"文件中，按下【Ctrl+J】组合键对其进行复制，将其中一个飞机图案颜色填充为 R:195，G:210，B:234，调整图案大小，完成效果如图 11-51 所示。

图 11-51

选择【工具】面板中的【文字工具】，或者按下快捷键【T】，输入文字。在选项栏中将字体设置为"黑体"，字号设置为 10 磅，字体颜色填充为 K: 100；另一部分字体设置为"楷

体"，颜色填充为 R:0，G:61，B:143，随后将其调整至合适的位置上，完成效果如图 11-52 所示。

图 11-52

新建图层将其命名为"印章"，前景色值为 R:213，G:8，B:8。在画面婚纱照边缘位置上使用【椭圆选框工具】配合【Shift】键建立圆形选区，执行【编辑—描边】命令，在弹出的【描边】对话框中将宽度设置为 20 像素。选择【椭圆工具】，并按下【Shift+Alt】组合键绘制正圆路径。选择【工具】面板中的【文字工具】，或者按快捷键【T】，沿着路径输入文字"滨江凯源大酒店婚礼中心"，按下【Ctrl+T】组合键调整路径上文字的大小和位置。选择【多边形工具】，勾选菜单选项里面的"星形"选项，绘制五角星路径，点击鼠标右键建立选区，对其进行填充，颜色填充为红色（R:213，G:8，B:8）。使用【文字工具】输入"爱情专用章"，完成效果如图 11-53 所示。

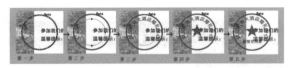

图 11-53

选择第十一章 / 第四节婚礼邀请函制作文件夹中的素材文件，将条形码拖入"婚礼邀请函"中并调整到合适位置，再次使用【文字工具】输入"1314520"，一张完整婚礼邀请函绘制完成，如图 11-54 所示。

图 11-54

第十二章
Photoshop 视频和动画

本章导读

　　本章将对 Photoshop 的时间轴视频与动画进行介绍，主要介绍如何使用 Photoshop 创建视频文件，如何编辑动画文件，如何导入和打开素材文件及输出视频格式等，如何运用蒙版、不透明度、图层样式以及混合模式进行动画制作。

精彩看点
- 帧动画制作
- 视频时间轴动画制作

学习素材

第一节 视频和动画概述

一、视频和动画的概念

　　在 Photoshop Extended 中，可以编辑视频的各个帧和图像序列文件。除了可以在 Photoshop 中使用任意工具对视频进行编辑之外，还可以为视频添加滤镜、蒙版、图层样式和混合模式。编辑完成后，可以将文档存储为 PSD 格式文件（该文件可以在 Premiere Pro 和 After Effects 这类 Adobe 应用程序中播放，或将其作为静态文件访问），也可以将其作为 QuickTime 影片或图像序列进行渲染。

　　在 Photoshop Extended 中打开视频文件或图像序列时，帧将包含在视频图层中。在【图层】面板中，视频图层以【胶片图标】进行标识。我们可以在视频图层上使用【画笔工具】和【仿制图章工具】对各个帧进行编辑修改。与图层类似，可以创建选区或应用蒙版对帧的特定区域进行编辑。

　　通过调整视频图层混合模式、不透明度、位置和图层样式来编辑视频，也可以在【图层】面板中对视频图层进行编组。调整图层可帮助我们将颜色和色调调整应用于视频图层，而不会对画面造成破坏。

　　也可以通过创建空白视频图层来制作手绘动画。

二、Photoshop 支持的视频和图像序列格式

　　可以在 Photoshop Extended 中，打开使用以下格式的视频文件和图像序列。

　　QuickTime 视频格式、MPEG 1（.mpg 或 .mpeg）、MPEG 4（.mp4 或 .m4v）、MOV、AVI、如果计算机上已安装 MPEG-2 编码器，则支持 MPEG-2 格式。

　　图像序列格式：BMP、DICOM、JPEG、

OpenEXR、PNG、PSD、Targa、TIFF 等。

三、颜色模式

视频图层可以包含以下 4 种颜色模式的文件：

灰度：8、16 或 32 位

RGB：8、16 或 32 位

CMYK：8 或 16 位

Lab：8 或 16 位

四、【动画】面板

在一段时间内显示的一系列图像或帧，每一帧较前一帧都有轻微的变化，当连续、快速地显示这些帧时就会产生动画。

【动画】面板包含用于编辑帧或时间轴持续时间以及用于配置面板外观的命令。单击【动画】面板菜单图标可查看可用命令。

（一）【动画】面板（帧模式）

在 Photoshop Extended 中，可以按照帧模式或时间轴模式使用【动画】面板。使用【动画】面板底部的工具可浏览各个帧、放大或缩小时间显示、启用洋葱皮模式、删除关键帧和预览视频。可以使用时间轴上的控件调整帧的持续时间，设置图层属性的关键帧并将视频的某一部分指定为工作区域。

（二）【动画】面板（时间轴模式）

时间轴模式显示文档图层的帧持续时间和动画属性。在时间轴模式中，【动画】面板显示文档中的每个图层（背景图层除外），并与【图层】面板同步。只要添加、删除、重命名、复制图层或者对图层进行编组或分配颜色，就可以在两个面板中更新操作。

（三）帧模式控件

在帧模式中，【动画】面板包含下列控件：循环选项、帧延迟时间、过渡动画帧、转换为时间轴动画。

（四）时间轴模式中

【动画】面板包含下列功能和控件：高速缓存帧指示器、注释轨道、转换为帧动画、时间码或帧号显示、当前时间指示器、全局光源轨道、关键帧导航器、图层持续时间条、已改变的视频轨道、时间标尺、时间–变化秒表、【动画】面板菜单、工作区域指示器、更改缩览图大小。

（五）指定时间轴持续时间和帧速率

在时间轴模式下，可以指定包含视频或动画的文档的持续时间或帧速率。持续时间是视频剪辑的整体时长（从指定的第一帧到最后一帧）。帧速率或每秒的帧数（fps）通常由生成的输出类型决定：NTSC 视频的帧速率为 29.97 fps；PAL 视频的帧速率为 25 fps；而电影胶片的帧速率为 24 fps。

在创建新文档时，默认的时间轴持续时间为 10 秒。帧速率取决于选定的文档预设，默认速率为 30 fps。对于视频预设，速率为 25 fps（针对 PAL）和 29.97 fps（针对 NTSC）。

第二节　帧动画——蒙版与不透明度动画制作实例

一、使用时间轴制作字体动画实例

从 Photoshop CS3 版本开始，Adobe 将的 ImageReady 整合到 Photoshop 中，因此直接通过使用 Photoshop 就可完成 GIF 动画制作，相当方便。我们发现，Photoshop CS6 版本已经无法在原来视窗的功能表中找到【动画】选项，只有【时间轴】。其实在 Photoshop CS3 版本中，就存在时间轴了，Photoshop 最初设计此功能是用来制作 GIF 动画的，最新版会比原来的逐格方式更加的顺畅，而使用方法与 After Effects 雷同。因此，本节主要介绍如何利用时间轴来制作出流顺畅的 GIF 动画。

首先，在 Photoshop Extended 中，建立一个新文档，并输入文字"ADOBE"，如图 12-1 所示。

图 12-1

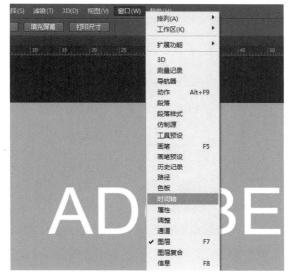

图 12-2

执行【窗口—时间轴】命令,如图 12-2 所示。

打开【时间轴】面板,单击【创建视频时间轴】按钮,在弹出的下拉菜单中选择【创建帧动画】,如图 12-3 所示。

图 12-3

设定好动画模式后,再用鼠标点击时间轴缩览图进入编辑模式,此时是大家较熟悉的影格动画模式。本节主要介绍时间轴部分,鼠标点击【时间轴】右上角的向下三角形,选择"转换为视频时间轴"选项,如图 12-4 所示。

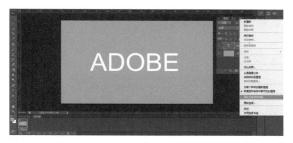

图 12-4

在【时间轴】面板中使用鼠标单击文字轨道的三角形按钮,展开编辑选项,点击【时间轴】面板上不透明度前方的小图标建立关键帧,建立完成后,时间轴上会出现一个黄色的菱形图标,如图 12-5 所示。

图 12-5

将黄色菱形关键帧拉到要淡出的时间轴上,并改变文字的不透明度,这时时间轴上会出现一个结束关键帧,如图 12-6 所示。

图 12-6

设置完成后，我们可以看到时间轴上有两个关键帧，这时可将时间轴转换为帧动画，如图 12-7 所示。

图 12-7

转换为帧动画，如图 12-8 所示。

图 12-8

为文字层添加蒙版，如图 12-9 所示。

图 12-9

选择储存为网页格式，将文档格式设成 GIF 后，预览动画效果，如图 12-10 所示。

动画实例
操作视频

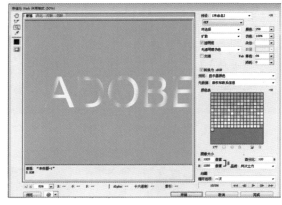

图 12-10

完成效果如图 12-11 所示。

图 12-11

二、视频时间轴动画基础实例

Photoshop 视频时间轴配合图层样式以及图层混合模式等，可以创作出千变万化的动态效果，下面我们再来学习一下用调整不透明度的方法来制作光线动画效果。

打开图 12-1 素材文件，如图 12-12 所示。

图 12-12

在【图层】面板中新建"图层 2"，使用【钢笔工具】，沿着一定的角度绘制光轨迹路径，如图 12-13 所示。

图 12-13

打开图 12-2 素材文件，如图 12-14 所示。

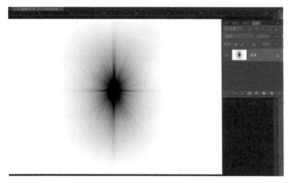

图 12-14

执行【编辑—定义画笔预设】命令，如图 12-15 所示。

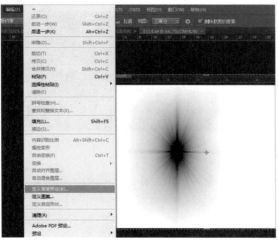

图 12-15

切换到图 12-1 素材文件，选择【画笔工具】，按下快捷键【F5】弹出【画笔】面板，设置"画笔笔尖形状"，选择名为 474 的画笔，如图 12-16 所示。将笔尖大小设置为 25 像素。选择"形状动态"选项，点击"大小抖动"栏中的"控制"右侧的选项框，在弹出的菜单中选择"渐隐"，数值设置为 600，将前景色设置为浅黄色，如图 12-17 所示。

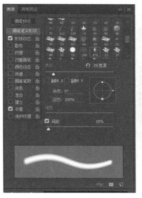

图 12-16   图 12-17

选择【路径】面板，如图 12-18 所示。点击【路径】面板中的菜单栏，在弹出的菜单中选择【描边路径】，如图 12-19 所示。

图 12-18

图 12-19

133

在【图层】面板中创建新图层"图层 3"，如图 12-20 所示。

点击【路径】面板右上角的【菜单】展开按钮，在弹出的菜单中选择【描边路径】命令，选择不同大小的 474 画笔，反复进行路径描边处理，注意可适当调整画笔硬度。在【图层】面板中新建"图层 4"，用【画笔工具】在"图层 4"中线条的顶端添加光点，效果如图 12-21 所示。

 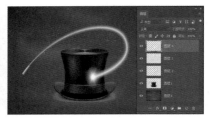

图 12-20　　图 12-21

执行【窗口—时间轴】命令，如图 12-22 所示。

按住【Ctrl】键分别选中这些图层，在时间轴上拉出 5 秒的长度。为了便于观察，可以暂时关闭【图层 4】左边的【可视】按钮，如图 12-23 所示。

图 12-22

图 12-23

接下来选择图层 2，单击不透明度选项，在时间轴上光标 0 秒位置上，单击建立关键帧，在【图层】面板中将图层 2 的不透明度设置为 0，在时间轴上把光标移动到 1 秒的位置上，单击建立关键帧，在【图层】面板中将不透明度设为 100，如图 12-24 所示。

图 12-24

使用同样的方法对图层 3 进行编辑。

使用【椭圆选框工具】绘制一个椭圆，在选项栏中将羽化值设置为 10 像素，新建"图层 5"，使用【渐变工具】在图层 5 中绘制"蓝色—透明"圆形渐变，如图 12-25 所示。

图 12-25

点击【添加图层样式】按钮，在弹出的菜单栏中选择【渐变叠加】。在弹出的【图层样式】对话框中将样式设置为"菱形"，时间轴光标为 0 秒位置，角度为 90 度，如图 12-26 所示。

图 12-26

再次点击菱形渐变，在【时间轴】面板中
分别将 1 秒处的渐变角度设置为 0 度、2 秒处
的渐变角度设置为 -90 度、3 秒处的渐变角度
设置为 -180 度、4 秒处的渐变角度设置为 -270
度，如图 12-27 所示。

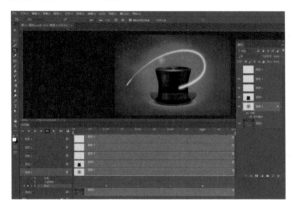

图 12-27

选择图层 4 的时间轴，单击"位置"选项，
为小光点随时间轴光标的移动位置设置关键帧，
如图 12-28 所示。

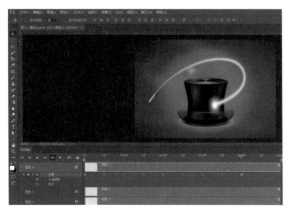

图 12-28

复制图层 4 得到图层 4 拷贝，对光标执行
【缩放】命令，如图 12-29 所示。

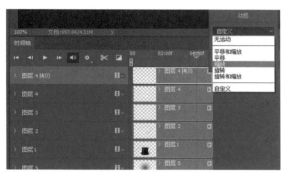

图 12-29

按下【Ctrl+T】组合键对小光点进行放大
处理，设置关键帧，如图 12-30 所示。

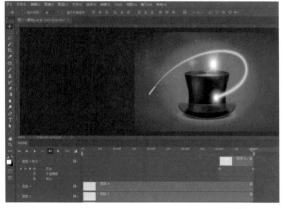

图 12-30

制作完成，如图 12-31 所示。可以输出
GIF 格式或者视频格式如 MOV 等。

图 12-31

※ 总结：

1. 在制作动画之前要先与客户进行沟通，了解客户需求，如动画尺寸、格式等，确认好动画效果再动手做。

2. 多用可编辑性图层（如智能对象、矢量图层），让图层可控性更强。

3. 保持图层顺序，逻辑清晰明了，对图层进行颜色区分并命名，以便在时间轴上观看。

4. 用图层样式做动画效果。一个图层样式不能实现的效果，可以把它拆成多个样式来实现。同时，图层样式的混合模式尽量用"正常"，这样可以在转换为智能对象的时候保持效果一致。

5. 擅用图层蒙版。

附录

附录1 Photoshop CC 2019 新增功能介绍

附录图1

一、Photoshop CC 2019 版本的改进功能

（一）撤销相关快捷键的改进

Photoshop CC 2019 版本可以使用【Ctrl + Z】组合键来撤销 Photoshop 文档中的多个操作步骤，撤销（后退一步）由【Ctrl + Alt + Z】组合键变更为【Ctrl + Z】组合键。如附录图2所示。

附录图2

（二）编辑文本的改进

Photoshop CC 2019 版本中也可以通过使用【移动工具】直接双击工作区中的文本来编辑文本，不需要在文本图层上双击进入文本框编辑文本，如附录图3所示。

附录图3

（三）【Ctrl + T】组合键执行【自由变换】命令变为默认拖曳为等比例变换

当使用【Ctrl + T】组合键对图像执行【自由变换】命令的时候，不需要再按住【Shift】键就可以实现等比例缩放，按住【Shift】键可实现不等比例缩放，将这个快捷键做了反向更新。

（四）新增实时混合模式预览

在【图层】面板中选择图层混合模式的时候，可以滚动浏览不同的混合模式选项，以查看它们在图像上的效果。在【图层】面板中选择【添加图层样式】按钮，可以在弹出的菜单中滚动查看不同的选项，Photoshop 画布上会显示图层样式的实时预览效果，如附录图4所示。

附录图4

（五）自动提交

当需要对图像进行裁剪、转换、放置、自由变换或在画布中输入文本的时候，不再需要按【Enter】键或单击选项栏中的【提交】按钮来提交更改，只需要在画布外单击一下鼠标左键即可。

二、Photoshop CC 2019 版本的新增功能

（一）增加【图框工具】（快捷键【K】）

可轻松实现蒙版功能的【图框工具】，只需将图像置入图框中，即可轻松地遮住图像。使用【图框工具】可快速创建矩形或椭圆形占位符图框。另外，还可以将任意形状或文本转

137

化为图框,并使用图像填充图框,如附录图 5 所示。

附录图 5

(二)内容感知填充重新构想 Content-Aware Fill 工作区

在 Photoshop CC 2019 版本中启动 Content-Aware Fill 工作区,打开一幅图像,使用任何选择工具,如使用【魔棒工具】、【套索工具】、【矩形选框工具】等创建要填充的区域的初始选择。执行【编辑—内容感知填充】命令。借助 Adobe Sensei 技术,可通过全新的专用工作区选择填充时所用的像素,还能对源像素进行旋转、缩放和镜像。还可以在其他图层上进行填充,从而保留原始图像,如附录图 6 所示。

附录图 6

(三)对称模式

对称模式,按照完全对称的图案,绘制画笔描边。使用【画笔工具】、【混合器画笔工具】、【铅笔工具】或【橡皮擦工具】时,单击选项栏中的蝴蝶图标。可以使用对称的图案绘制画笔笔触,包括垂直、水平、双轴、对角线、波浪形、圆形、螺旋形、平行线、径向、曼陀罗等选项。

在绘制时,笔画会在对称线上实时反射,可以轻松创建复杂的对称图案,如附录图 7 所示。

附录图 7

(四)色轮选择颜色

Photoshop CC 2019 版本新增使用色轮显示色谱,并根据角度(如互补色和类似色)轻松选择色彩。单击【颜色】面板选项栏,在弹出的下拉菜单中选择"色轮"选项,即可打开"色轮",如附录图 8 所示。

附录图 8

(五)等距分布

Photoshop CC 2019 版本中新增了可以分配对象之间的间距的功能,通过均匀间隔中心点来分配对象。

不同大小的图像,也可以获得均匀的间距,如附录图 9 所示。

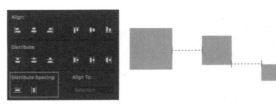

附录图 9

附录 2 Photoshop CS6 常用快捷键一览表

【工具】面板		
1	移动工具	【V】
2	矩形选框工具、椭圆选框工具	【M】
3	套索工具、多边形套索工具、磁性套索工具	【L】
4	快速选择工具、魔棒工具	【W】
5	裁剪工具、透视裁剪工具、切片工具、切片选择工具	【C】
6	吸管工具、3D 材质吸管工具、颜色取样器工具、标尺工具、注释工具、计数工具	【I】
7	污点修复画笔工具、修复画笔工具、修补工具、内容感知移动工具、红眼工具	【J】
8	画笔工具、铅笔工具、颜色替换工具、混合器画笔工具	【B】
9	仿制图章工具、图案图章工具	【S】
10	历史记录画笔工具、历史记录艺术画笔工具	【Y】
11	橡皮擦工具、背景橡皮擦工具、魔术橡皮擦工具	【E】
12	渐变工具、油漆桶工具、3D 材质拖放工具	【G】
13	减淡工具、加深工具、海绵工具	【O】
14	钢笔工具、自由钢笔工具、添加锚点工具、删除锚点工具、转换点工具	【P】
15	横排文字工具、直排文字工具、横排文字蒙版工具、直排文字蒙版工具	【T】
16	路径选择工具、直接选择工具工具	【A】
17	矩形工具、圆角矩形工具、椭圆工具、多边形工具、直线工具、自定义形状工具	【U】
18	抓手工具	【H】
19	旋转视图工具	【R】
20	缩放工具	【Z】
21	添加锚点工具	【+】
22	删除锚点工具	【−】
23	默认前景色和背景色	【D】
24	切换前景色和背景色	【X】
25	切换标准模式和快速蒙版模式	【Q】
26	标准屏幕模式、带有菜单栏的全屏模式、全屏模式	【F】
27	临时使用移动工具	【Ctrl】

28	临时使用吸管工具	【Alt】
29	临时使用抓手工具	【空格】
30	打开工具选项面板	【Enter】
31	快速输入工具选项（当前工具选项面板中至少有一个可调节数字）	【0】至【9】
32	切换画笔	【[】或【]】
33	选择第一个画笔	【Shift+[】
34	选择最后一个画笔	【Shift+]】
35	在"渐变编辑器"中建立新渐变	【Ctrl+N】

文件操作

1	新建文件	【Ctrl+N】
2	用默认设置创建新文件	【Ctrl+Alt+N】
3	打开图像	【Ctrl+O】
4	打开为……	【Ctrl+Alt+O】
5	关闭当前图像	【Ctrl+W】
6	保存当前图像	【Ctrl+S】
7	另存为……	【Ctrl+Shift+S】
8	存储为 Web 所用格式	【Ctrl+Alt+Shift+S】
9	页面设置	【Ctrl+Shift+P】
10	打印	【Ctrl+P】
11	打开"预置"对话框	【Ctrl+K】

选择功能

1	全选	【Ctrl+A】
2	羽化选择	【Shift+F6】
3	取消选择	【Ctrl+D】
4	重新选择	【Ctrl+Shift+D】
5	反选	【Ctrl+Shift+I】
6	载入选区【Ctrl】+点按图层、路径、通道面板中的缩览图滤镜	
7	路径变选区 数字键盘上的	【Enter】
8	执行前一次滤镜操作	【Ctrl+F】
9	撤回滤镜的效果	【Ctrl+Shift+F】

| 10 | 重复前一次滤镜操作（可调参数） | 【Ctrl+Alt+F】 |

视图操作

1	显示彩色通道	【Ctrl+2】
2	以 CMYK 方式预览（开关）	【Ctrl+Y】
3	缩小视图	【Ctrl+ −】
4	实际像素显示	【Ctrl+Alt+0】
5	居中对齐	【Ctrl+Shift+C】
6	向左／右选择 1 个字符	【Shift+ ←／→】
7	显示单色通道	【Ctrl+ 数字】
8	放大视图	【Ctrl++】
9	满画布显示	【Ctrl+0】
10	左对齐或顶端对齐	【Ctrl+Shift+L】
11	右对齐或底端对齐	【Ctrl+Shift+R】
12	向下／上选择行	【Shift+ ↑／↓】

编辑操作

1	撤销	【Ctrl+Z】
2	撤销两步以上操作	【Ctrl+Alt+Z】
3	撤销两步操作	【Ctrl+Shift+Z】
4	剪切	【Ctrl+X】或【F2】
5	复制	【Ctrl+C】
6	合并复制	【Ctrl+Shift+C】
7	粘贴	【Ctrl+V】或【F4】
8	将剪贴板中的内容粘到选框中	【Ctrl+Shift+V】
9	自由变换	【Ctrl+T】
10	应用自由变换（在自由变换模式下）	【Enter】
11	从中心或对称点开始变换（在自由变换模式下）	【Alt】
12	限制（在自由变换模式下）	【Shift】
13	取消变形（在自由变换模式下）	【Esc】
14	扭曲（在自由变换模式下）	【Ctrl】
15	自由变换复制的像素数据	【Ctrl+Shift+T】

16	再次变换复制的像素数据并创建副本	【Ctrl+Shift+Alt+T】
17	删除	【Delete】
18	填充背景色	【Ctrl+BackSpace】或【Ctrl+Delete】
19	填充前景色	【Alt+BackSpace】或【Alt+Delete】
20	打开"填充"对话框	【Shift+BackSpace】
21	从历史记录中填充	【Alt+Ctrl+Backspace】

图像调整

1	调整色阶	【Ctrl+L】
2	自动调整色阶	【Ctrl+Shift+L】
3	调整曲线	【Ctrl+M】
4	调整色彩平衡	【Ctrl+B】
5	调整色相/饱和度	【Ctrl+U】
6	去色	【Ctrl+Shift+U】
7	反相	【Ctrl+I】

图层操作

1	新建图层	【Ctrl+Shift+N】
2	以默认选项创建图层	【Ctrl+Alt+Shift+N】
3	复制图层	【Ctrl+J】
4	通过剪切创建图层	【Ctrl+Shift+J】
5	群组	【Ctrl+G】
6	取消群组	【Ctrl+Shift+G】
7	向下合并或合并链接图层	【Ctrl+E】
8	合并可见图层	【Ctrl+Shift+E】
9	盖印或盖印链接图层	【Ctrl+Alt+E】
10	盖印可见图层	【Ctrl+Alt+Shift+E】
11	将当前图层下移一层	【Ctrl+[】
12	上移一层	【Ctrl+]】
13	将当前图层移到最下面	【Ctrl+Shift+[】
14	移到最上面	【Ctrl+Shift+]】

15	激活下一个图层	【Alt+[】
16	激活上一个图层	【Alt+]】
17	激活底部图层	【Shift+Alt+[】
18	激活顶部图层	【Shift+Alt+]】

后记

　　一直以来 Photoshop 都是许多相关专业和设计行业的重要应用软件之一，实用性极强。本书是当代图形图像设计与表现丛书之一。本书的撰写从大量实际教学和案例收集中展开，作者长期的积累及教学经验在本书的案例中得到充分体现，内容广泛而深入。本书拥有多样化的案例、丰富的知识点等，突出实用性和针对性，兼顾设计基础和设计运用，特别是在举例、附图等方面都极具代表性，非常方便学生查阅。涵盖了相当丰富的图像设计方面的新知识点。

　　在编撰过程中，编者对多年来积累的大量相关案例、技巧、方法等进行了重新梳理，获益良多。出于多年来对 Adobe Photoshop 的探索和体会，本书尽量做到将基础、全面、科学、创新、实践融为一体。由于本书篇幅有限，许多知识点未能充分展开讲解，望读者谅解。本书还配套了学习光盘，其中包含案例素材及视频讲解，方便各位读者继续学习提高。本书可作为高校教材，也可作为图像处理爱好者学习使用。

　　由衷感谢在编撰此书过程中为编者提供帮助的各位同仁、师长及朋友，感谢出版社诸位编辑的协调支持，感谢参与此书编辑、出版、发行的各位工作人员。